U0806091

全国高职高专建筑类专业规划教材

建筑装饰制图与识图习题集

主　编　张多峰　张东明
副主编　吴　云　周　红　仇多荣
　　　　张　剑　张　敏　张永恒
主　审　孟庆伟

黄河水利出版社
·郑州·

内容提要

本书是全国高职高专建筑类专业规划教材，是根据教育部对高职高专教育的教学基本要求及中国水利教育协会职业技术教育分会高等职业教育教学研究会组织制定的建筑装饰工程制图与识图课程标准编写完成的。本书与黄河水利出版社出版的张多峰主编的《建筑装饰制图与识图》教材配套使用，提高学生制图与识图的能力。习题集编写顺序与配套教材对应一致，内容涉及绘图工具准备、制图标准学习与应用、绘制平面几何图形、徒手绘制平面图形、绘制正投影图与三视图、绘制平面体三视图、绘制曲面体三视图、绘制组合体三视图、绘制常见螺旋形体三视图、绘制正等轴测图、绘制斜二轴测图、识读组合体视图补画第三视图、视图表达、剖面图表达、断面图表达、识读房屋建筑施工图、绘制房屋建筑施工图、房屋建筑装饰施工图识读、建筑装饰工程测绘等。

本套教材可供高等职业院校建筑装饰专业使用，也可作为建筑装饰从业人员的参考用书。

图书在版编目(CIP)数据

建筑装饰制图与识图习题集/张多峰，张东明主编. —郑州：黄河水利出版社，2019.4

全国高职高专建筑类专业规划教材

ISBN 978 - 7 - 5509 - 2316 - 4

Ⅰ. ①建… Ⅱ. ①张…②张… Ⅲ. ①建筑装饰 - 建筑制图 - 高等职业教育 - 习题集②建筑装饰 - 建筑制图 - 识别 - 高等职业教育 - 习题集 Ⅳ. TU238 - 44

中国版本图书馆 CIP 数据核字(2019)第 052663 号

组稿编辑：王路平 电话：0371 - 66022212 E-mail：hhslwlp@163.com

出 版 社：黄河水利出版社 网址：www.yrcp.com

地址：河南省郑州市顺河路黄委会综合楼 14 层 邮政编码：450003

发行单位：黄河水利出版社

发行部电话：0371 - 66026940、66020550、66028024、66022620(传真)

E-mail：hhslcbs@126.com

承印单位：河南承创印务有限公司

开本：787 mm × 1 092 mm 1/16

印张：7

字数：160 千字 印数：1—2 100

版次：2019 年 4 月第 1 版 印次：2019 年 4 月第 1 次印刷

定价：22.00 元

前　言

本书是贯彻落实《国家中长期教育改革和发展规划纲要(2010～2020年)》、《国务院关于加快发展现代职业教育的决定》(国发〔2014〕19号)、《现代职业教育体系建设规划(2014～2020)年)》等文件精神,在中国水利教育协会指导下,由中国水利教育协会职业技术教育分会高等职业教育教学研究会组织编写的第二轮建筑类专业规划教材。本套教材力争实现项目化、模块化教学模式,突出现代职业教育理念,以学生能力培养为主线,体现出实用性、实践性、创新性的教材特色,是一套理论联系实际、教学面向生产的高职教育精品规划教材。

《建筑装饰制图与识图习题集》是《建筑装饰制图与识图》的配套教材,编写顺序与配套教材对应一致,内容涉及教材的全部知识体系。通过习题集的练习,培养学生制图与识图的实践能力。

本书编写人员及编写分工如下:山东水利职业学院张多峰编写1-1、2-1、2-2、2-3、5-1、5-2、5-3;安徽水利水电职业技术学院仇多荣编写3-1、3-2、3-3、4-1;河南水利与环境职业学院张剑编写6-1、6-2、6-3、6-4、7-1、7-2、7-3、7-4;日照市建筑设计研究院有限公司张永恒编写8-1、8-2、9-1、9-2;广西水利电力职业技术学院刘政权编写10-1、11-1、11-2;长江工程职业技术学院牛彧男编写12-1、12-2、12-3、13-1、13-2;山西水利职业技术学院吴云编写14-1、14-2、14-3、14-4、14-5、15-1;日照土地发展集团张东明编写16-1、16-2、16-3、16-4、17-1;山东水利职业学院张敏编写18-1;山东水利职业学院周红编写19-1、19-2。本书由张多峰、张东明担任主编,张多峰主持编写和统稿工作;由吴云、周红、仇多荣、张剑、张敏、张永恒担任副主编;由河南水利与环境职业学院孟庆伟担任主审。

由于作者水平有限,书中难免存在错误和不当之处,恳请读者批评指正,欢迎向编者(sdsxzdf@163.com)提出您宝贵的意见或建议。

编　者

2019年1月

目 录

前 言

1－1 绘图工具准备 …………………………………… (1)

2－1 照图示样式绘制图线 ……………………………… (2)

2－2 注写尺寸数字 …………………………………… (3)

2－3 标注图形尺寸 …………………………………… (4)

3－1 绘制正多边形 …………………………………… (5)

3－2 绘制椭圆 ………………………………………… (6)

3－3 圆弧连接 ………………………………………… (7)

4－1 徒手绘图 ……………………………………… (11)

5－1 按图示箭头方向画出立体的单面投影图 ……… (15)

5－2 根据立体图找出对应的三视图 ………………… (18)

5－3 根据立体图绘制三视图 ………………………… (20)

6－1 绘制棱柱体的三视图 …………………………… (24)

6－2 绘制棱柱切割体的三视图 ……………………… (25)

6－3 绘制棱锥、棱台体的三视图 …………………… (27)

6－4 绘制棱锥切割体的三视图 ……………………… (29)

7－1 绘制曲面基本体的三视图 ……………………… (31)

7－2 绘制圆柱切割体的三视图 ……………………… (32)

7－3 绘制圆锥切割体的三视图 ……………………… (34)

7－4 绘制圆球切割体的三视图 ……………………… (35)

8－1 绘制组合体的三视图 …………………………… (36)

8－2 绘制切割型组合体的三视图 …………………… (40)

9－1 绘制螺旋线的投影 ……………………………… (41)

9－2 绘制螺旋楼梯的三视图 ………………………… (42)

10－1 根据视图绘制正等轴测图 ……………………… (43)

11－1 根据视图绘制斜二轴测图 ……………………… (51)

11－2 根据视图绘制轴测图,轴测类型自定 ………… (54)

12－1 对照视图构思形体 ……………………………… (58)

12－2 识读二视图画轴测图与第三视图 ……………… (60)

12－3 根据两视图补画第三视图 ……………………… (63)

13－1 补全建筑形体的六个基本视图 ………………… (67)

13－2 选择正确视图 …………………………………… (68)

14－1 选择正确的剖面图 ……………………………… (69)

14－2 按要求画出全剖面图 …………………………… (70)

14－3 识读并绘制指定的剖面图 ……………………… (73)

14－4 按要求画出局部剖面图 ………………………… (75)

14－5 按要求画出阶梯剖面图 ………………………… (76)

15－1 按要求画出断面图 ……………………………… (77)

16－1 识读房屋建筑图 ………………………………… (79)

16－2 识读凉亭建筑施工图 …………………………… (80)

16－3 识读螺旋楼梯施工图 …………………………… (85)

16－4 识读和抄画花架建筑施工图 …………………… (86)

17－1 绘制房屋建筑图 ………………………………… (90)

18－1 识读建筑装饰立面图 …………………………… (91)

19－1 测绘数据处理 …………………………………… (105)

19－2 现场测绘作业 …………………………………… (106)

参考文献 ………………………………………………… (107)

1-1 绘图工具准备	班级		姓名		学号		页次	1

1.按图示样式磨削粗、细线铅笔。

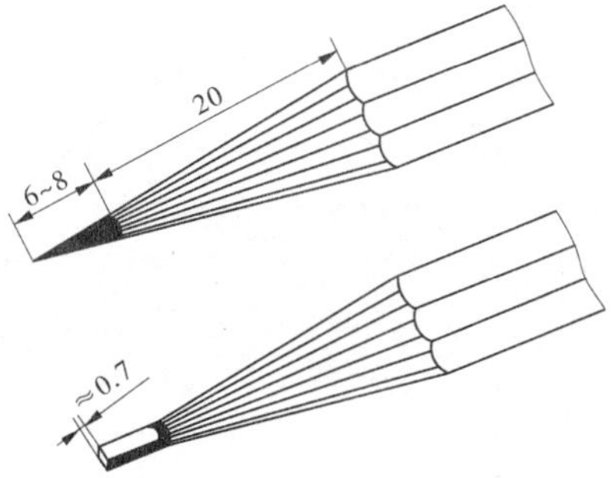

2.按图示方法使用圆规。

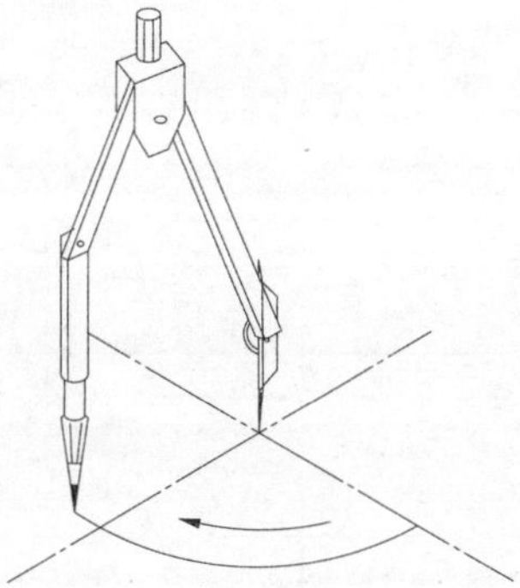

3.按图示样式磨削圆规粗、细线铅芯。

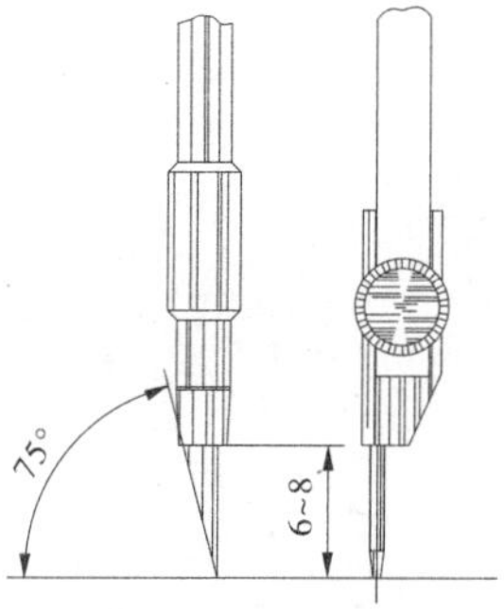

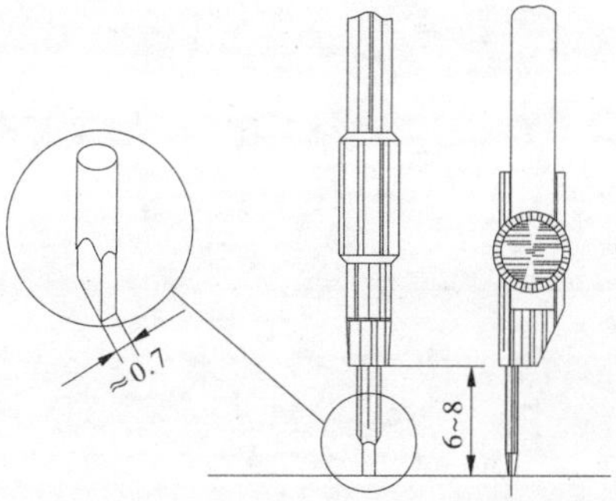

2-1　照图示样式绘制图线	班级		姓名		学号		页次	2

1.

2.

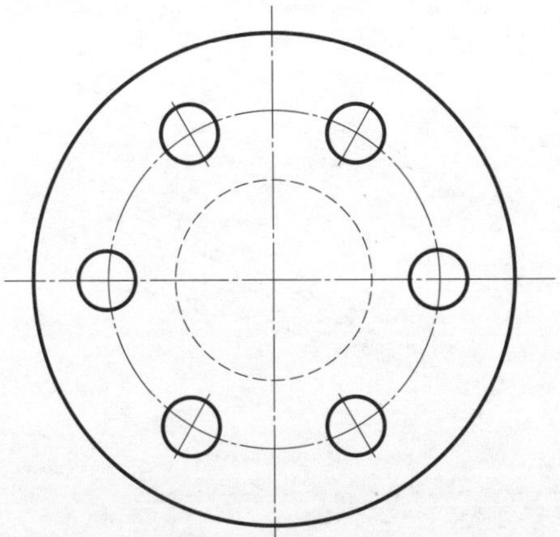

2-2　注写尺寸数字	班级		姓名		学号		页次	3

1.注写线性尺寸数字(直接量取并取整)。

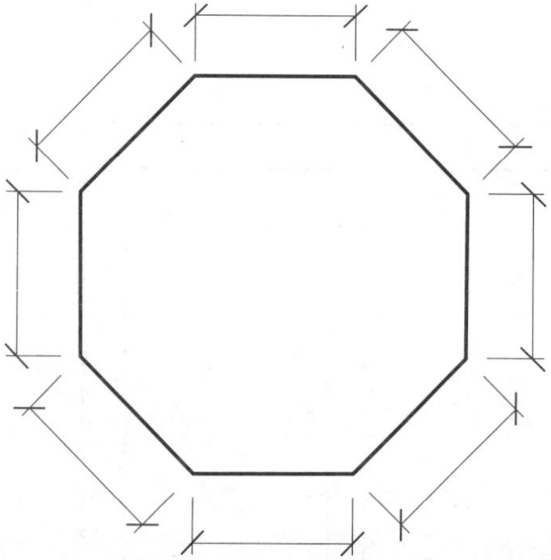

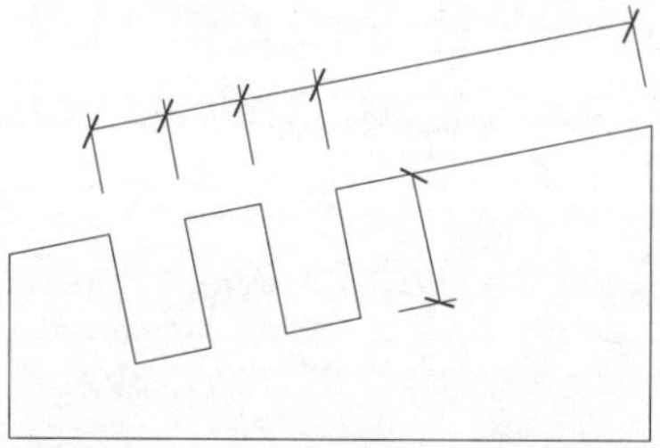

2.注写角度尺寸数字(45°、60°)。

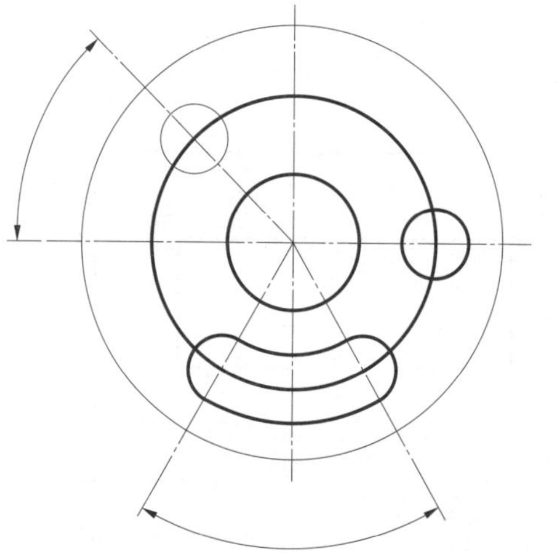

3.注写圆弧半径和弧长尺寸数字(直接量取并取整数)。

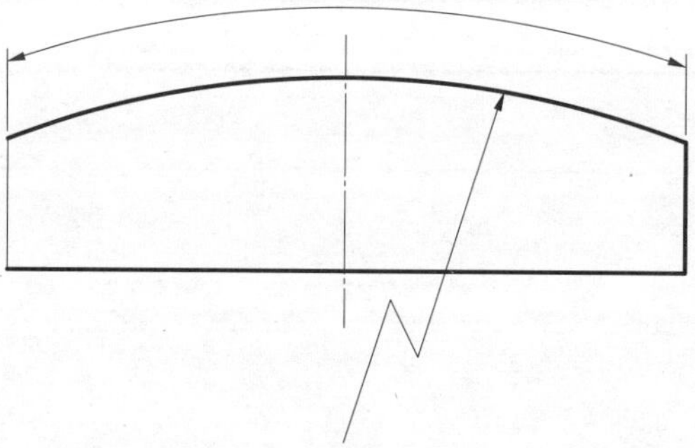

2–3 标注图形尺寸(尺寸数字从图中量取并取整)	班级		姓名		学号		页次	4

1.

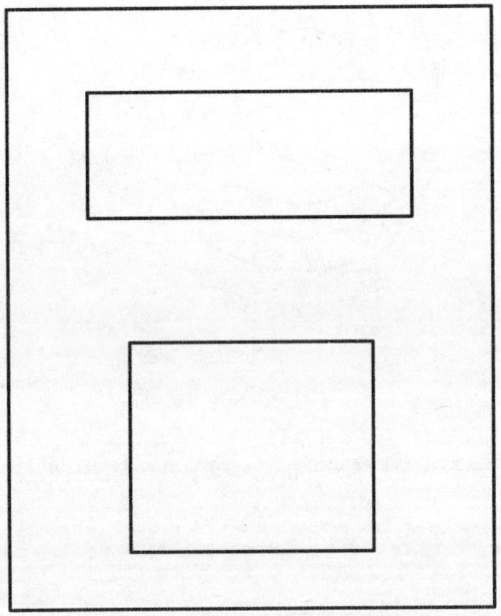

2.

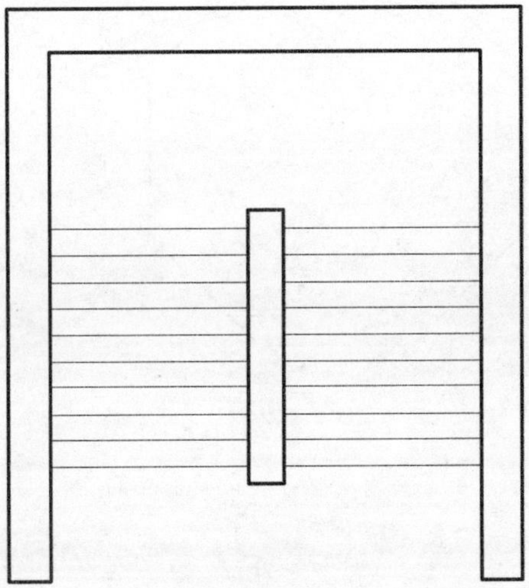

3-1 绘制正多边形	班级		姓名		学号		页次	5

1.在下边画出内接于圆的正六边形。

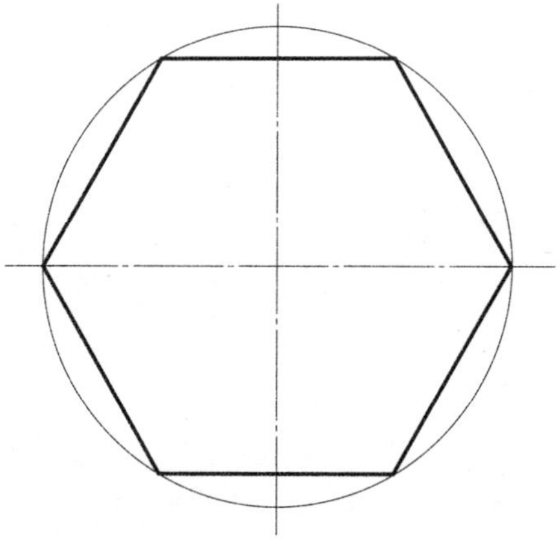

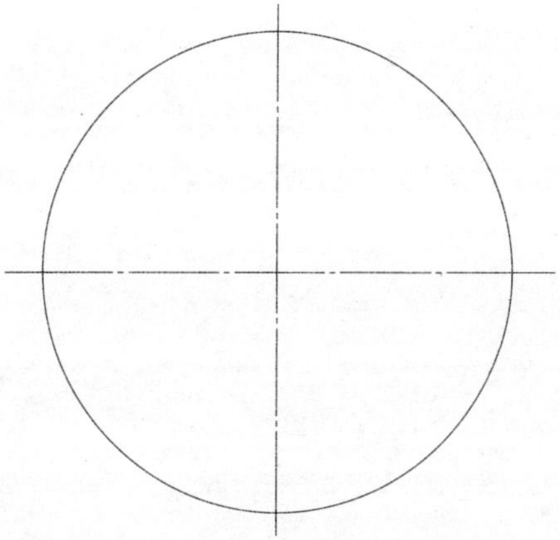

2.在下边画出内接于圆的正五角星。

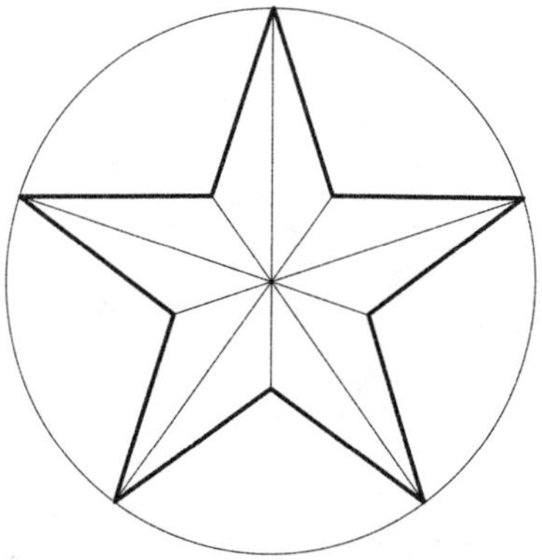

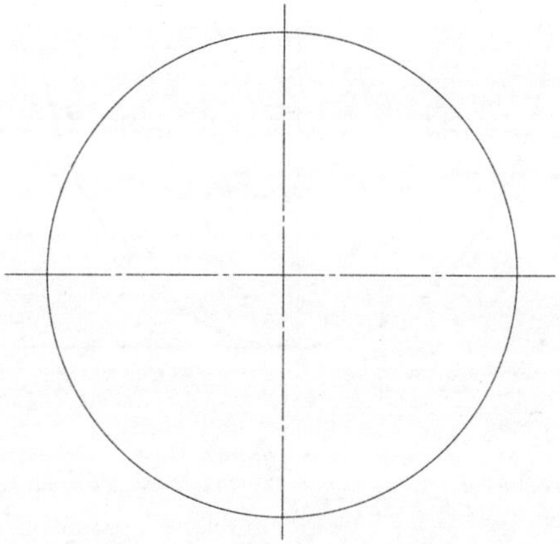

3-2 绘制椭圆	班级		姓名		学号		页次	6

在右边按尺寸画出椭圆。

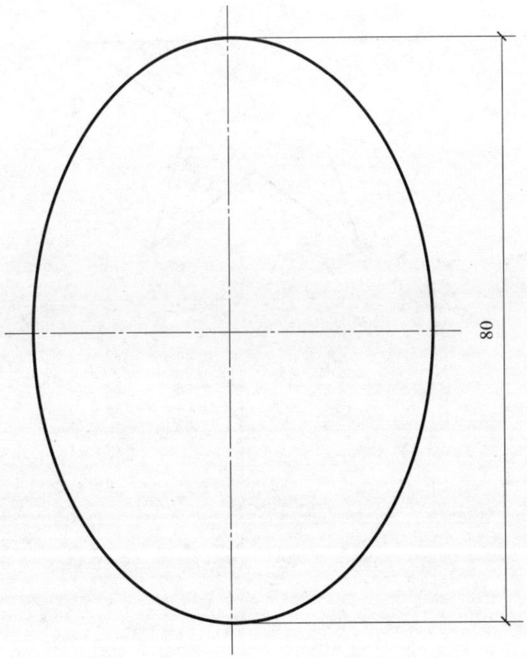

3-3 圆弧连接	班级		姓名		学号		页次	7

1. 已知圆弧连接图形如左图所示,连接圆弧半径为R,在右边画出该图形。

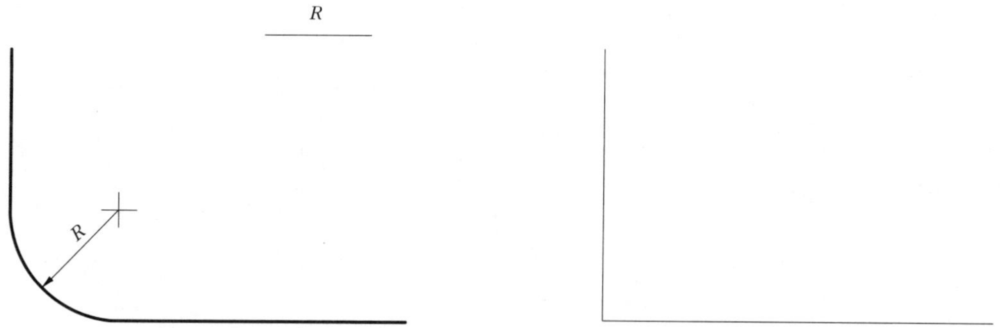

2. 已知圆弧连接图形如左图所示,连接圆弧半径为R,在右边画出该图形。

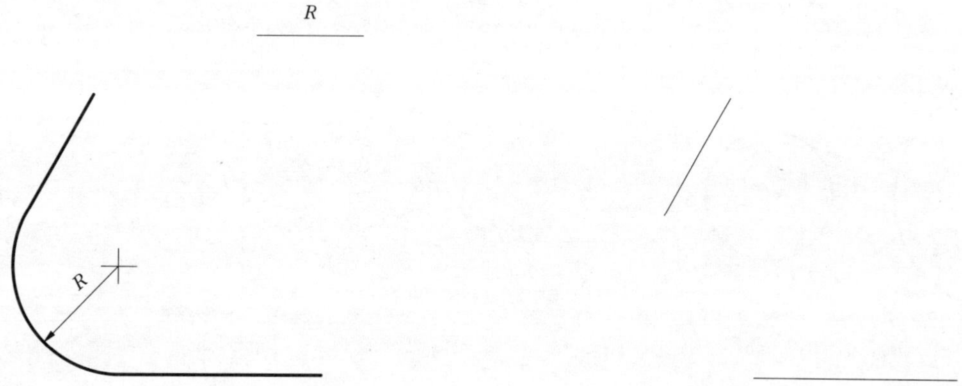

3-3　圆弧连接	班级		姓名		学号		页次	8

3.已知圆弧连接图形如左图所示,连接圆弧半径为*R*,在右边画出该图形。

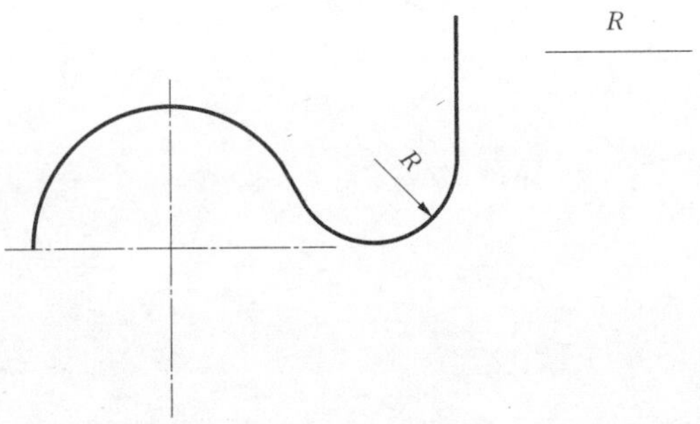

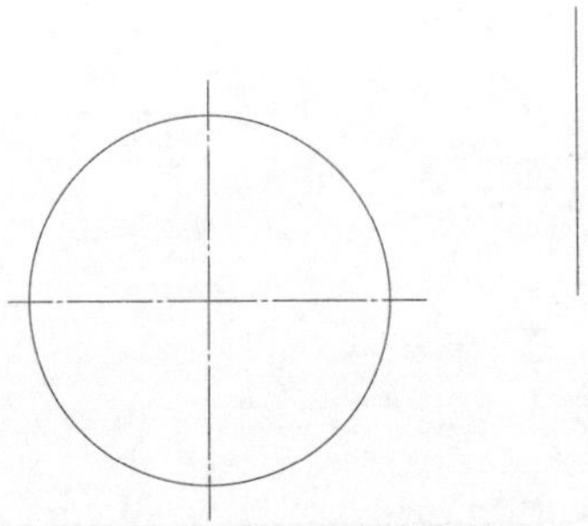

4.已知圆弧连接图形如左图所示,连接圆弧半径为*R*,在右边画出该图形。

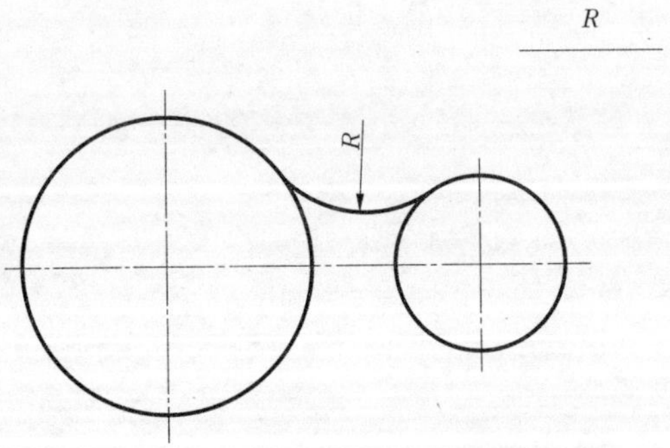

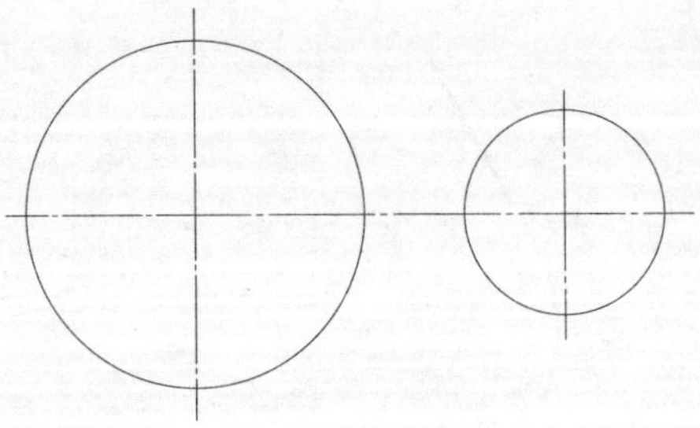

3–3　圆弧连接	班级		姓名		学号		页次	9

5. 已知圆弧连接图形如左图所示，连接圆弧半径为R_1、R_2，在右边画出该图形。

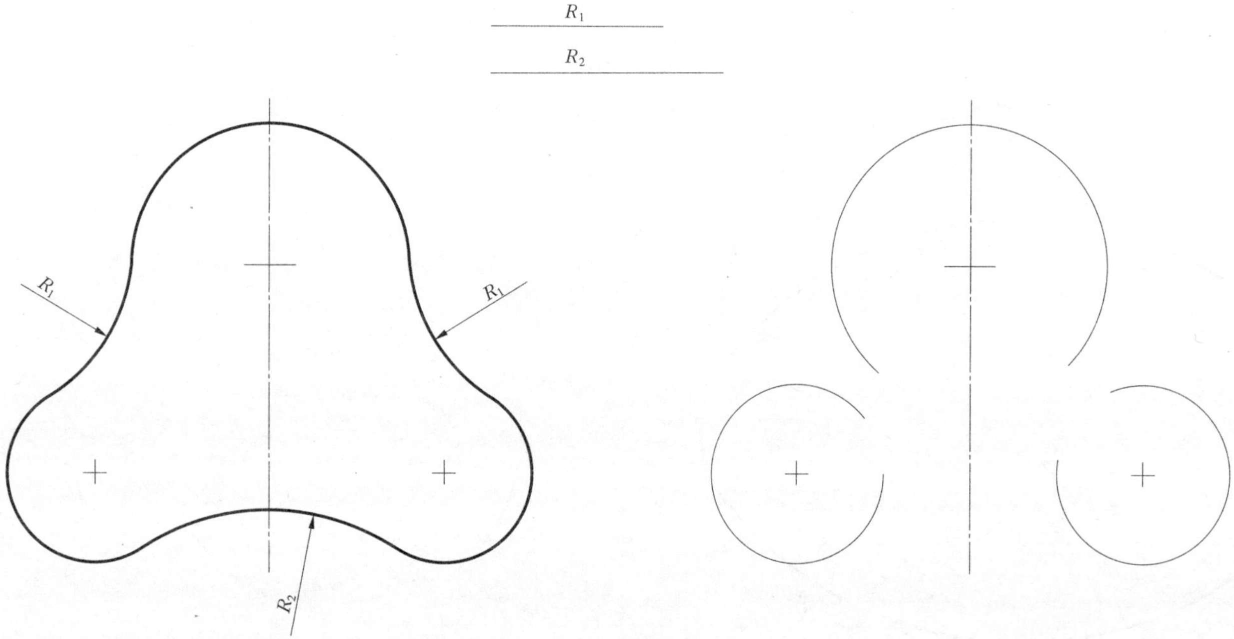

3-3 圆弧连接	班级		姓名		学号		页次	10

6. 已知圆弧连接图形如左图所示，连接圆弧半径为R，在右边画出该图形。

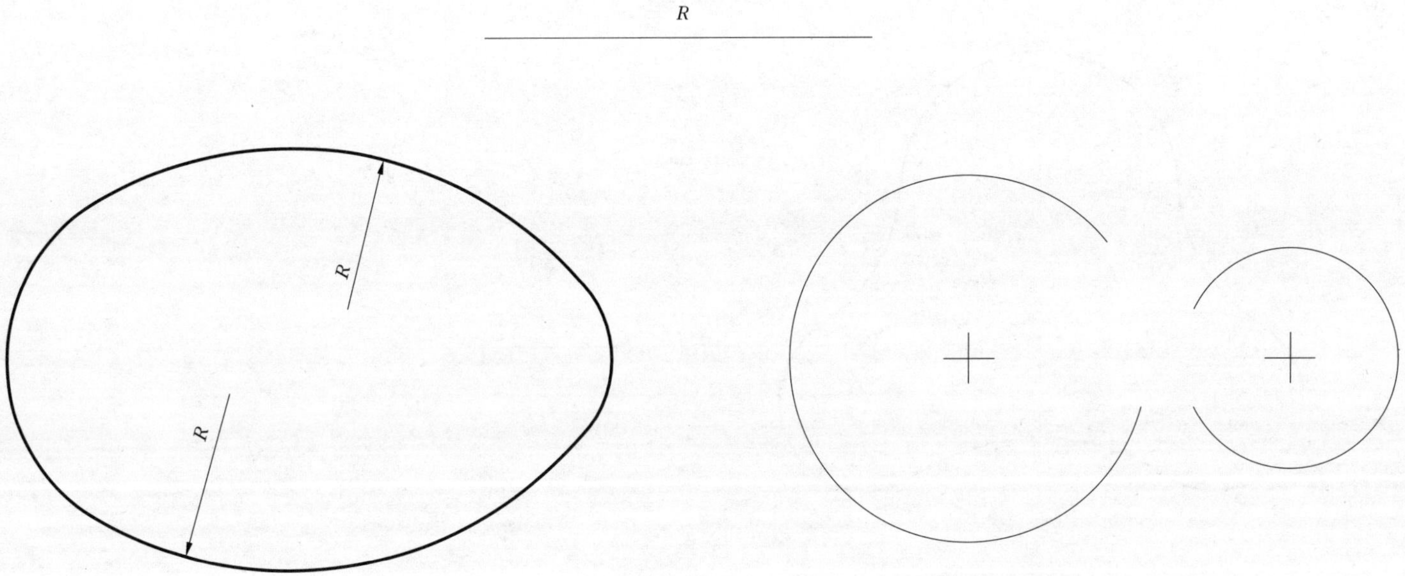

4-1　徒手绘图	班级		姓名		学号		页次	11

1.在下方徒手绘出该图形。

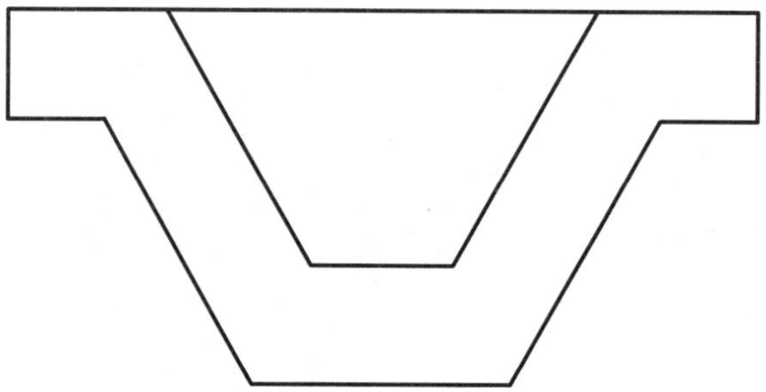

2.在下方徒手绘出该图形。

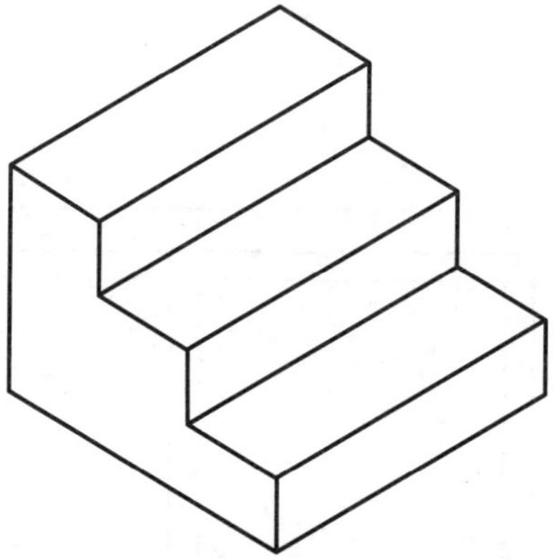

4-1 徒手绘图	班级		姓名		学号		页次	12

3.在右方徒手绘出该图形,标注尺寸。

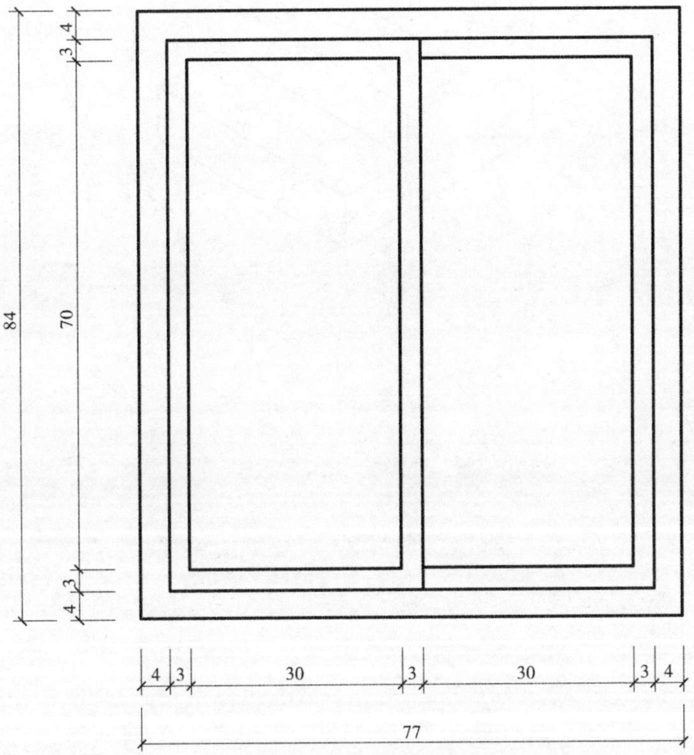

4-1　徒手绘图	班级		姓名		学号		页次	13

4.在A4图纸上,徒手绘出该图形,标注尺寸。

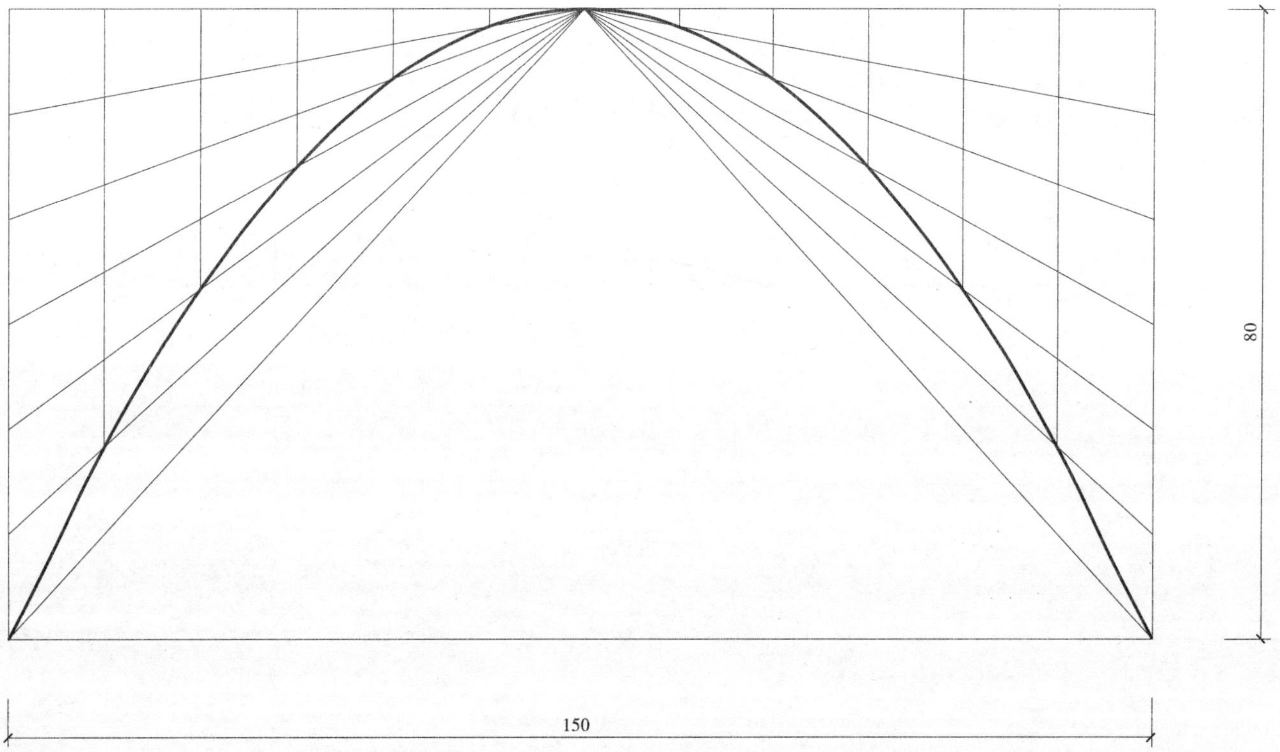

5. 在A4图纸上，徒手绘出该图形，标注尺寸。

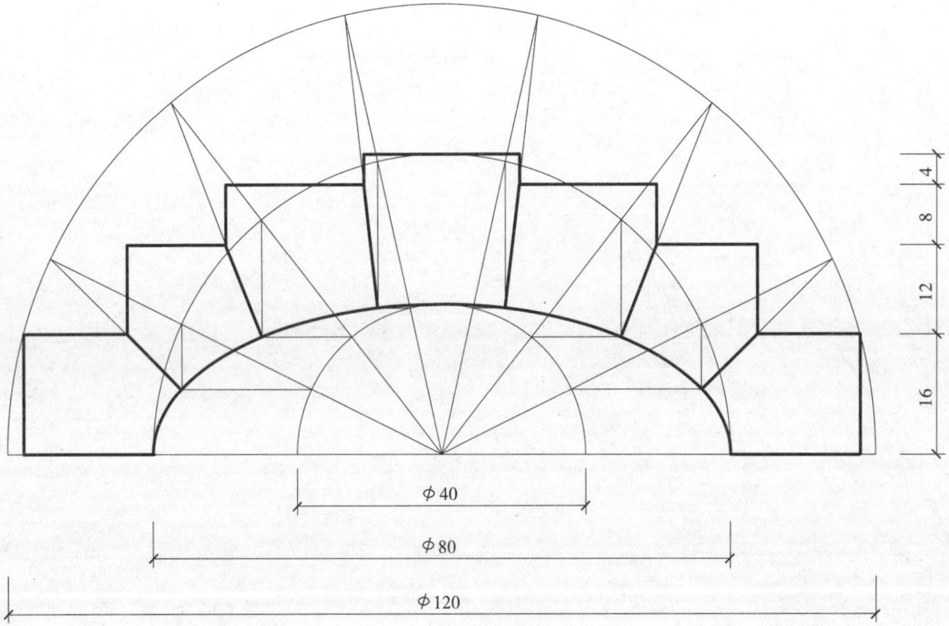

5-1 按图示箭头方向画出立体的单面投影图	班级		姓名		学号		页次	15

1.

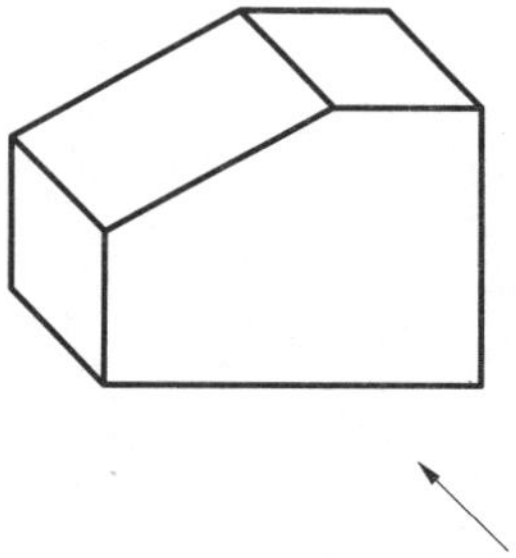

2.

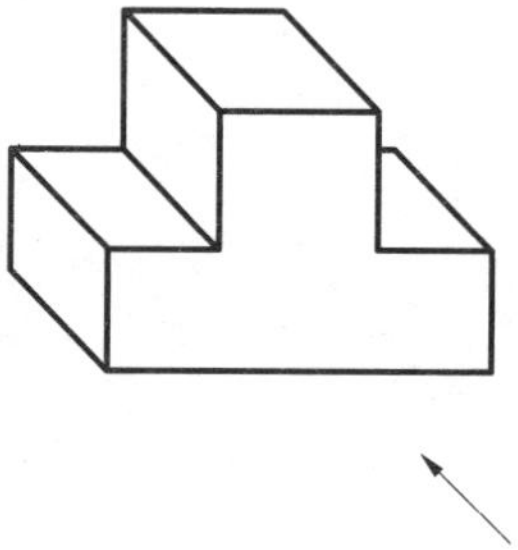

3.

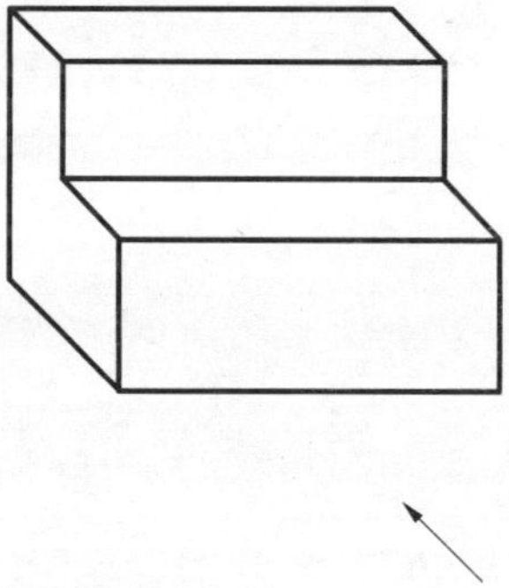

4.

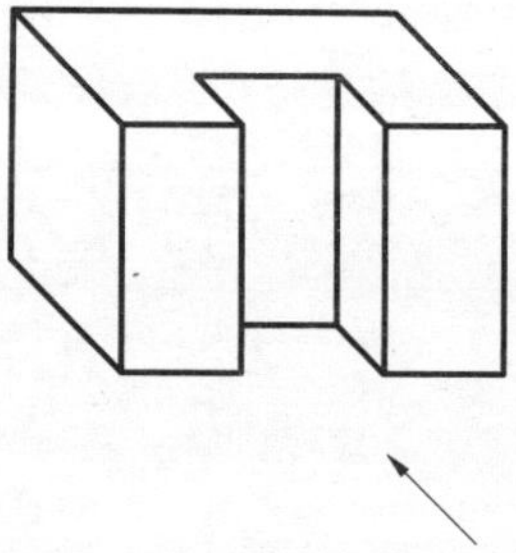

5-1 按图示箭头方向画出立体的单面投影图	班级		姓名		学号		页次	16

5.

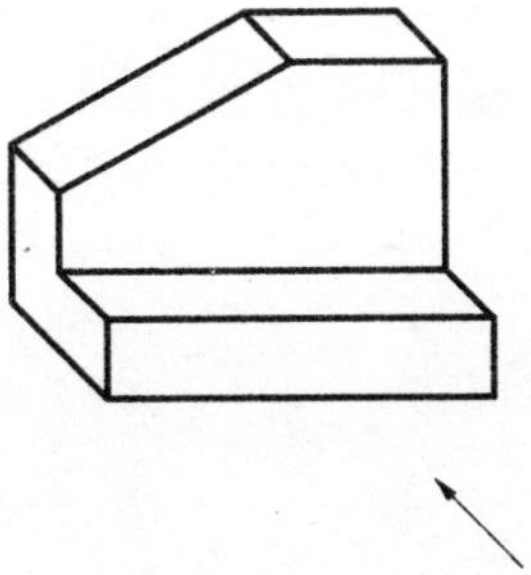

6.

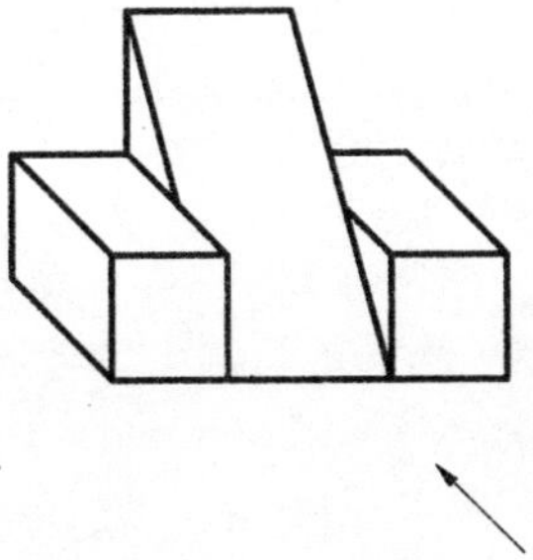

7.

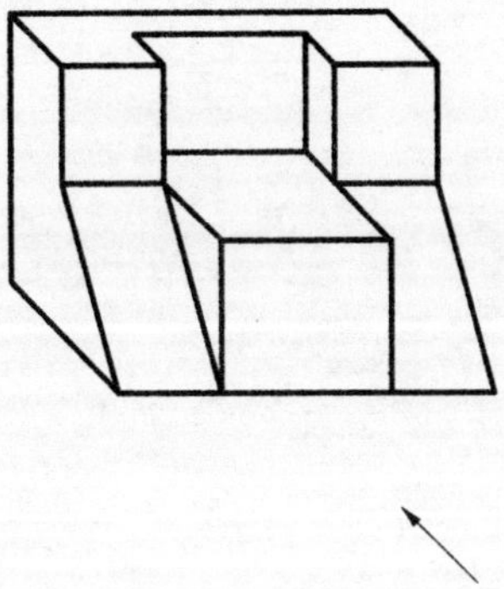

8.

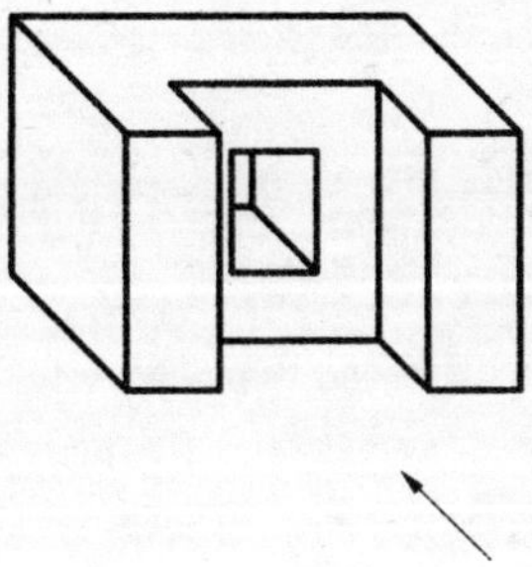

5-1 按图示箭头方向画出立体的单面投影图	班级		姓名		学号		页次	17

9.

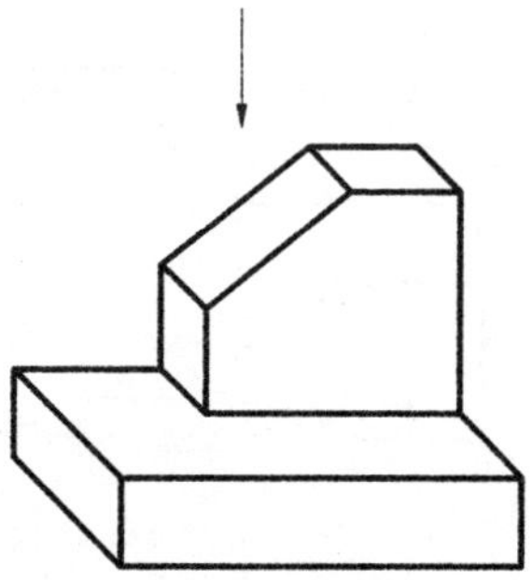

10.

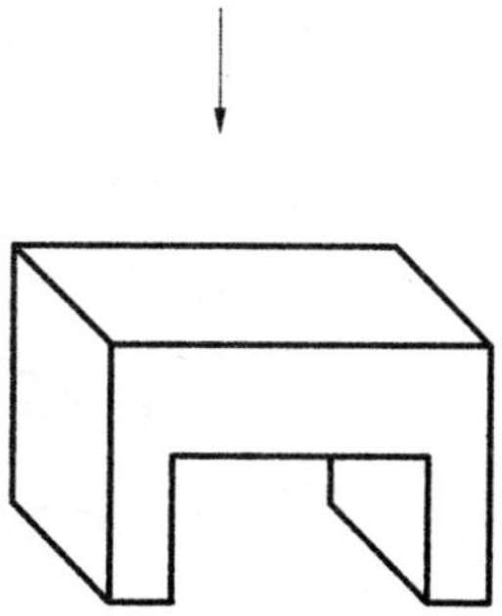

11.

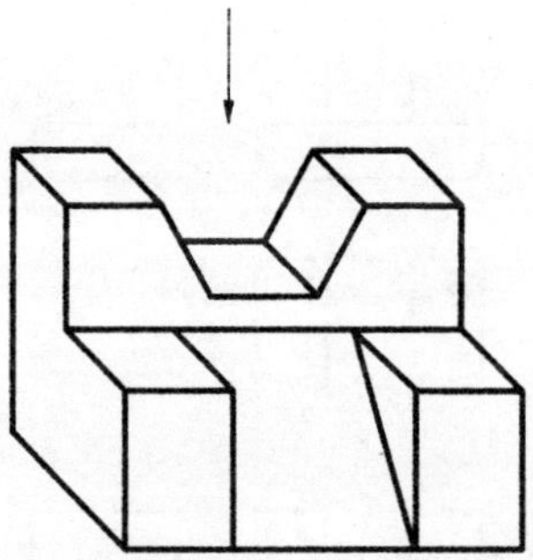

12.

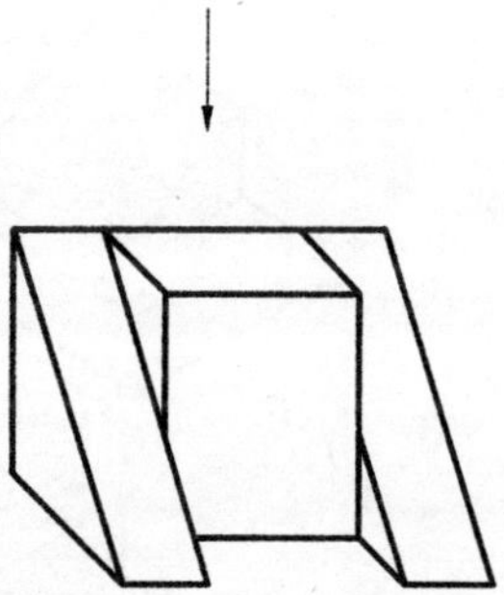

5–2　根据立体图找出对应的三视图	班级		姓名		学号		页次	18

1.

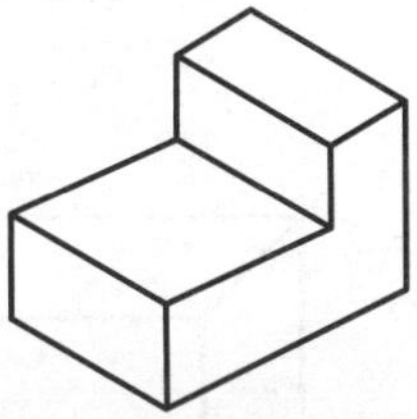

2.

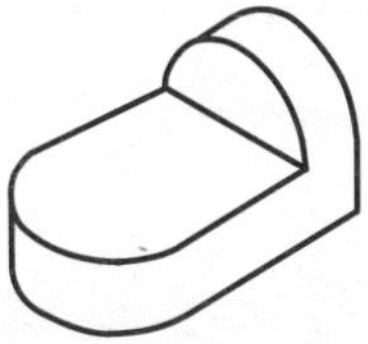

3.

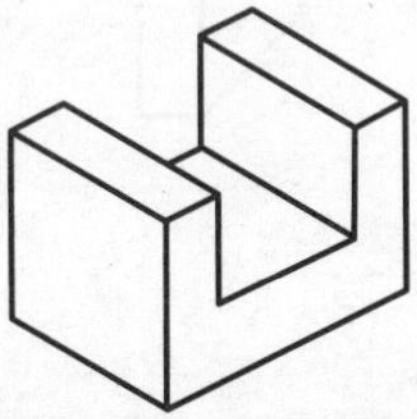

4.

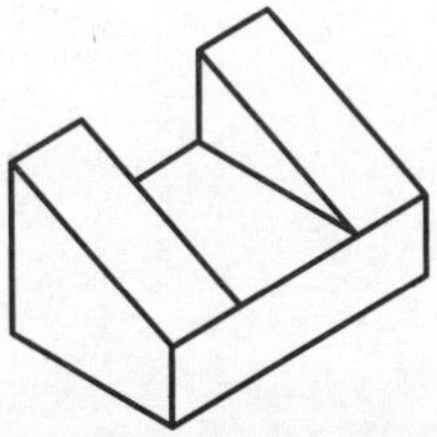

5.

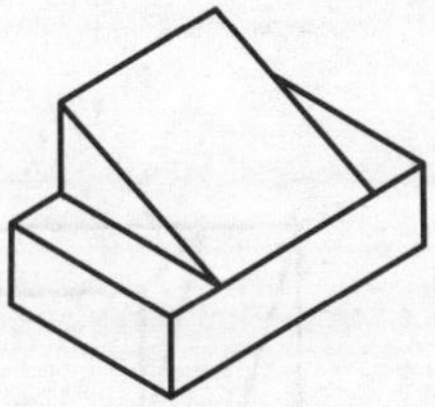

6.

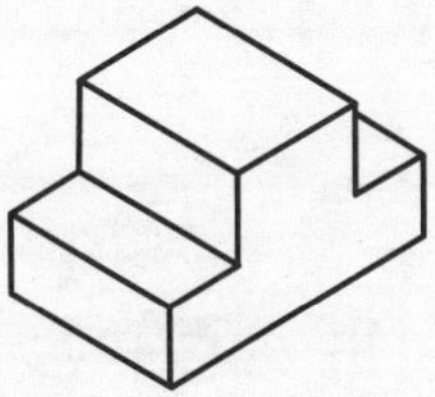

7.

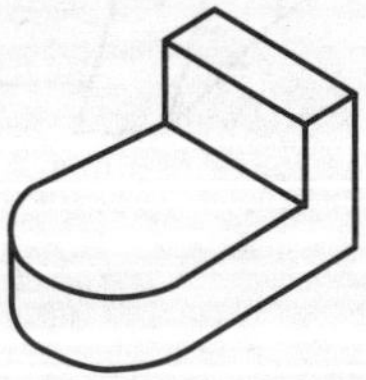

8.

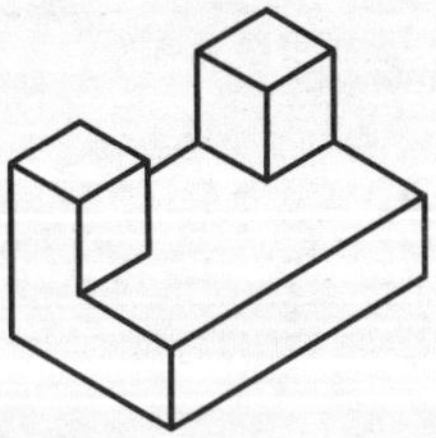

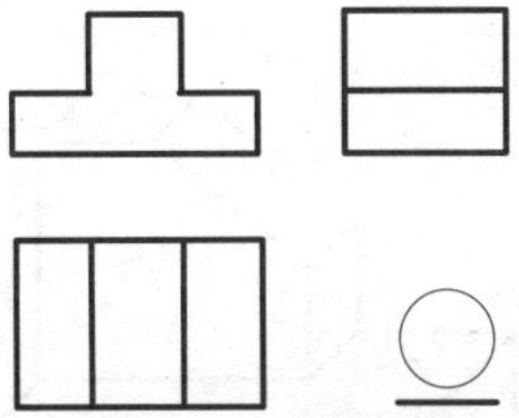

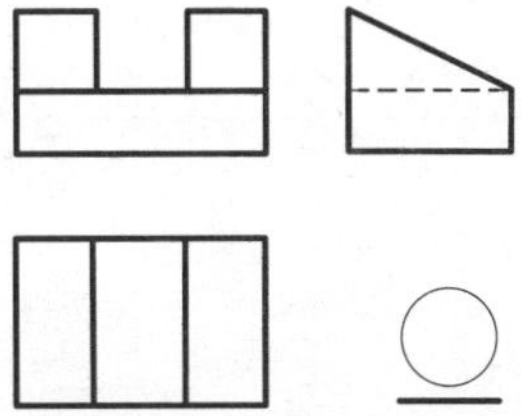

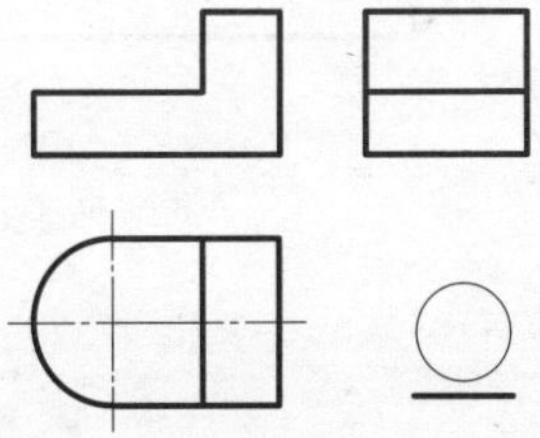

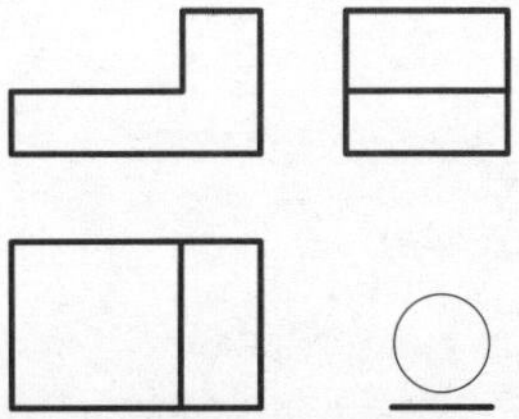

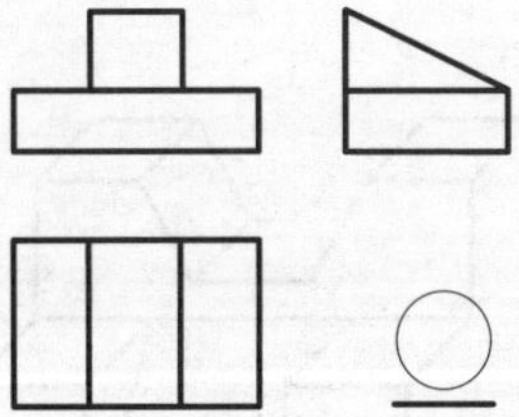

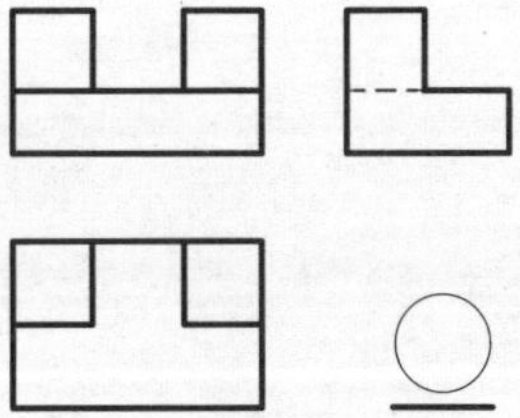

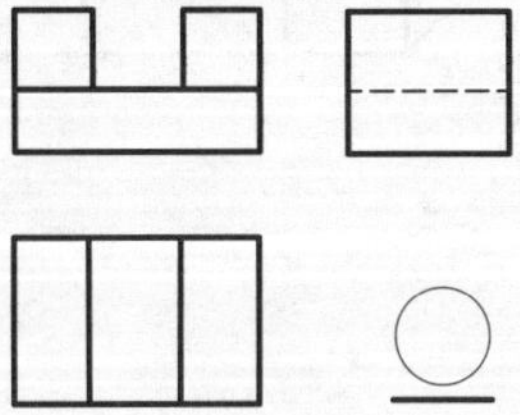

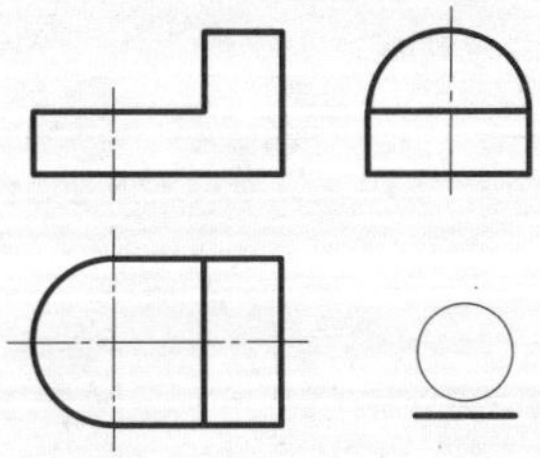

5-2　根据立体图找出对应的三视图	班级		姓名		学号		页次	19

9.

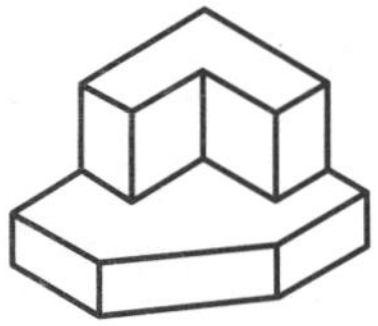

10.

11.

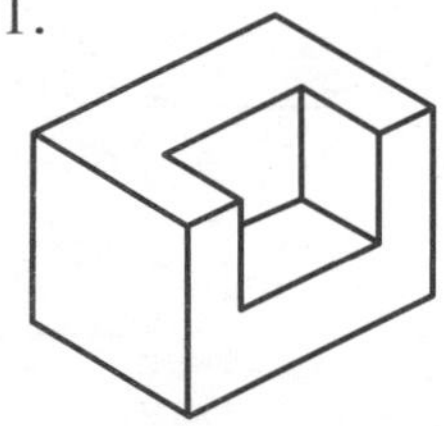

12.

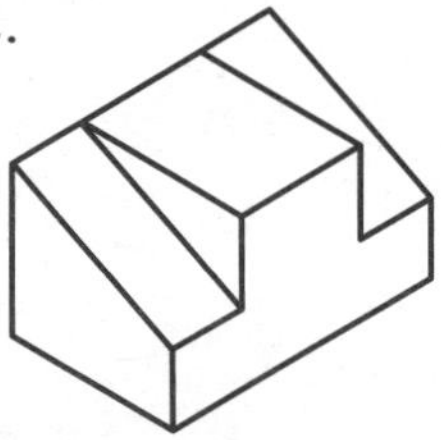

13.

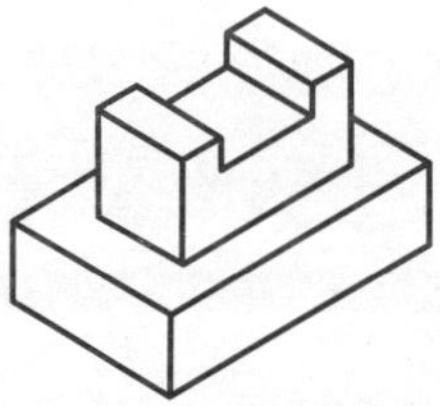

14.

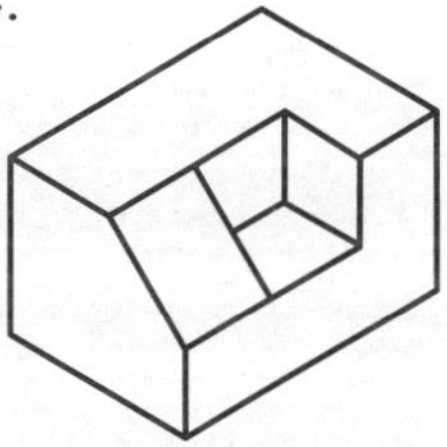

15.

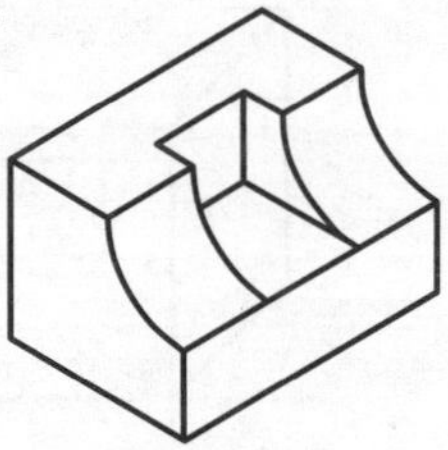

16.

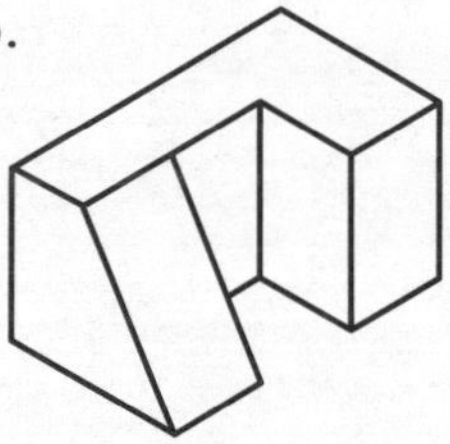

5-3 根据立体图绘制三视图	班级		姓名		学号		页次	20

1.

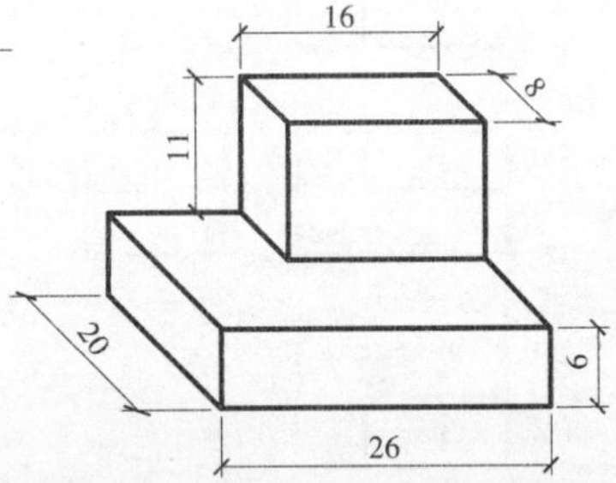

2.

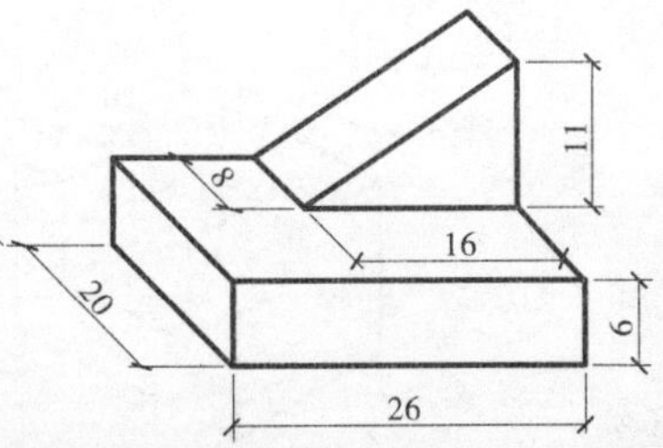

3.

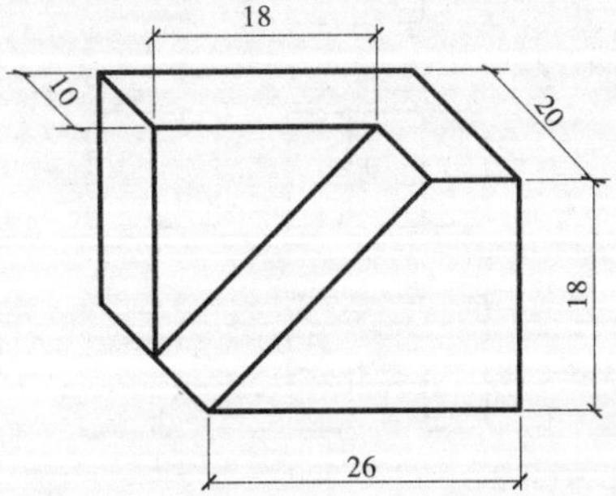

4.

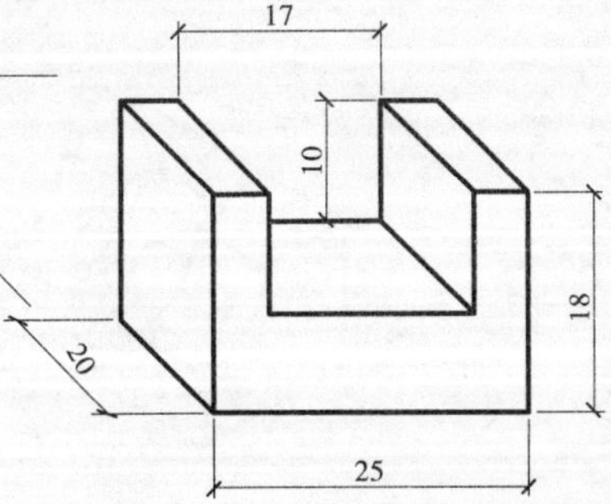

5-3　根据立体图绘制三视图	班级		姓名		学号		页次	21

5.

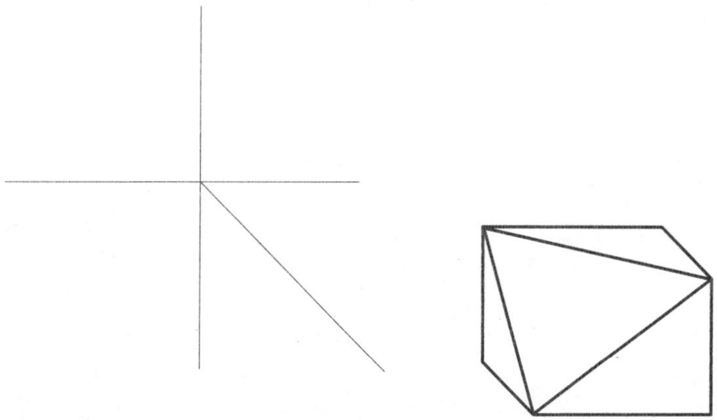

6.

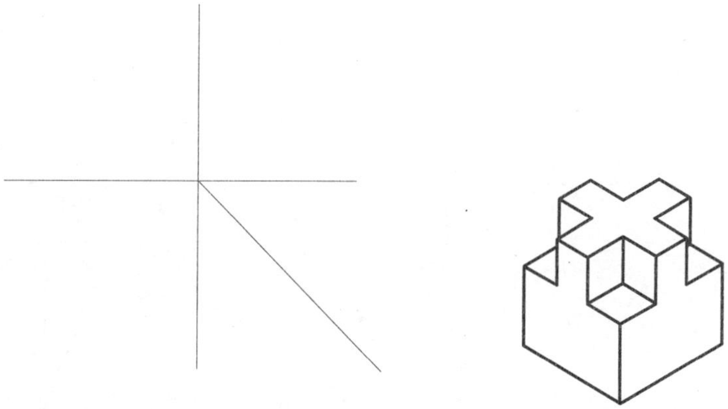

7.

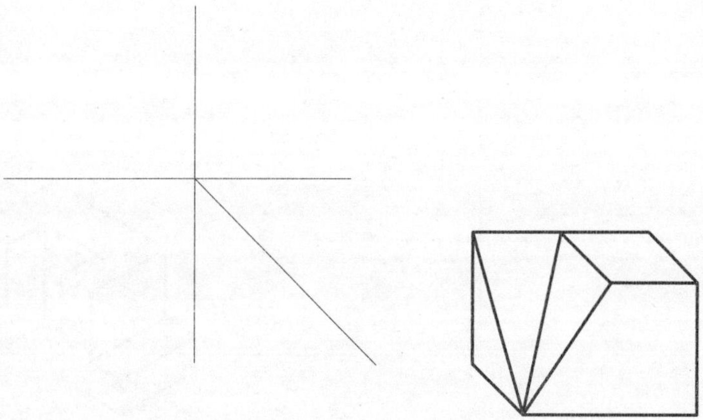

8.

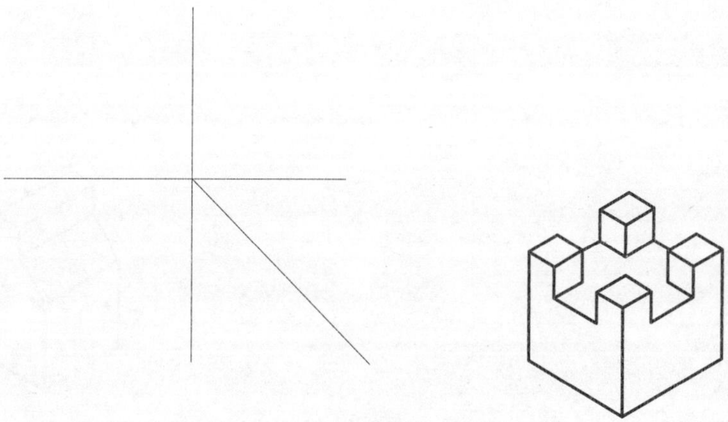

5-3　根据立体图绘制三视图	班级		姓名		学号		页次	22

9.

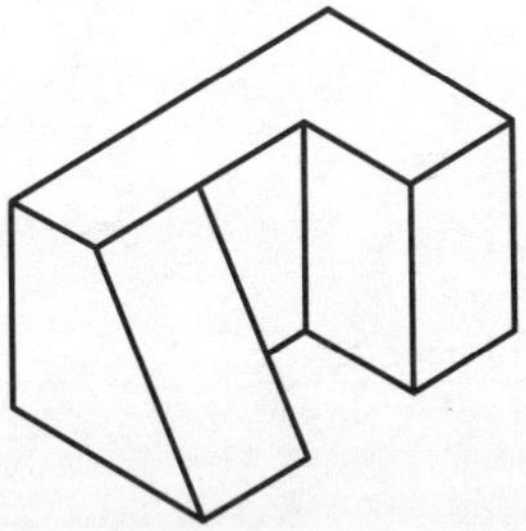

10.

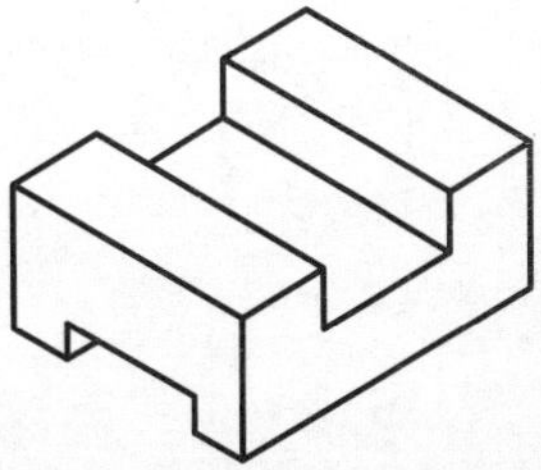

11.

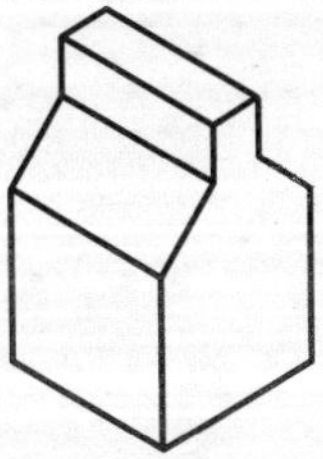

12.

5-3　根据立体图绘制三视图	班级		姓名		学号		页次	23

13.

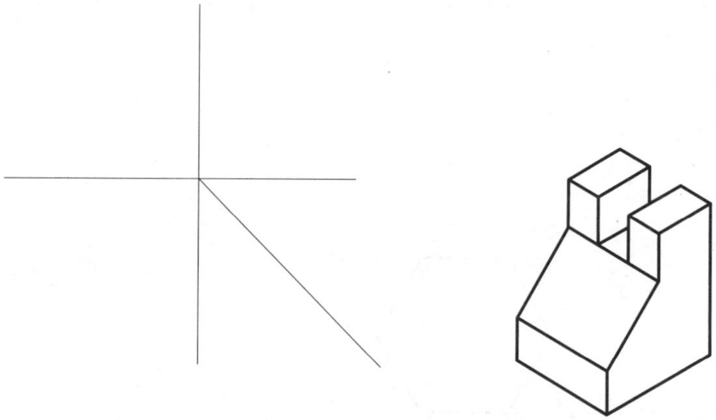

14.

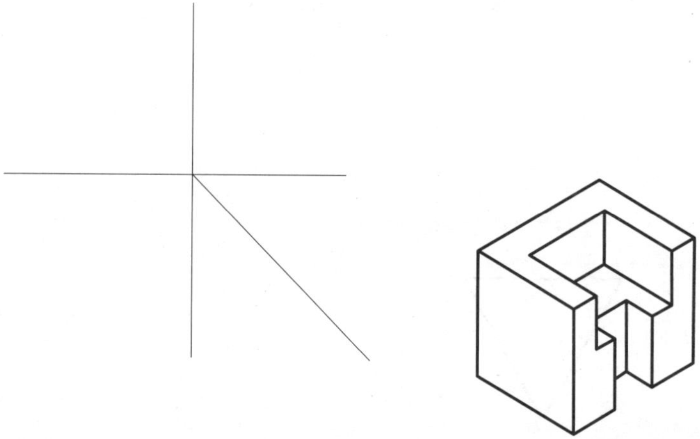

15.

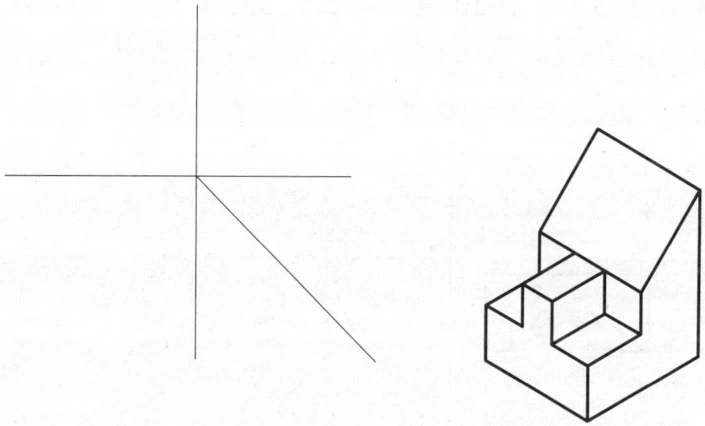

16.

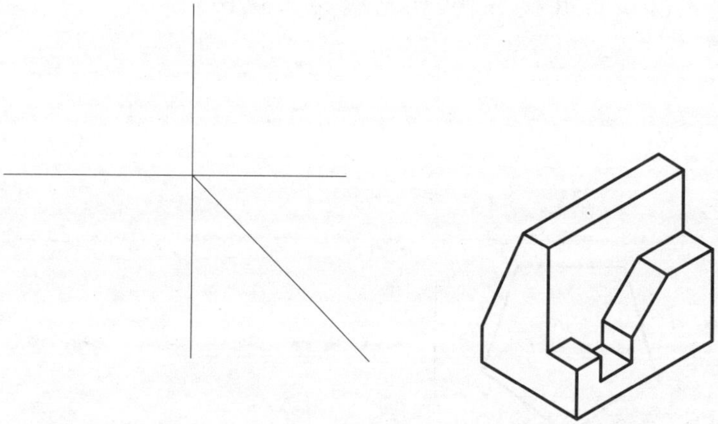

6-1 绘制棱柱体的三视图	班级		姓名		学号		页次	24

1.已知正三棱柱高20，完成其三视图。

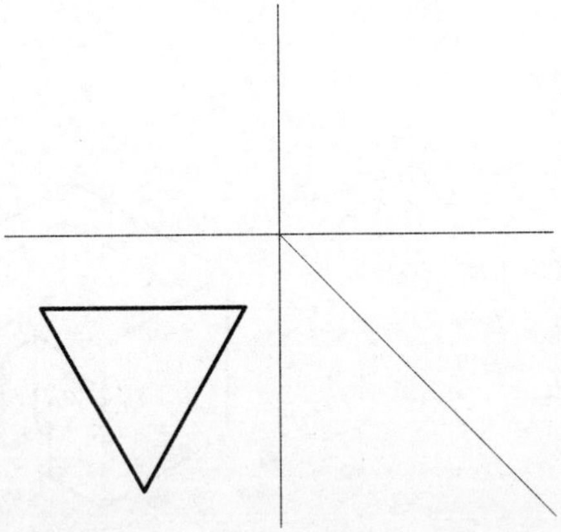

2.已知正六棱柱高20，完成其三视图。

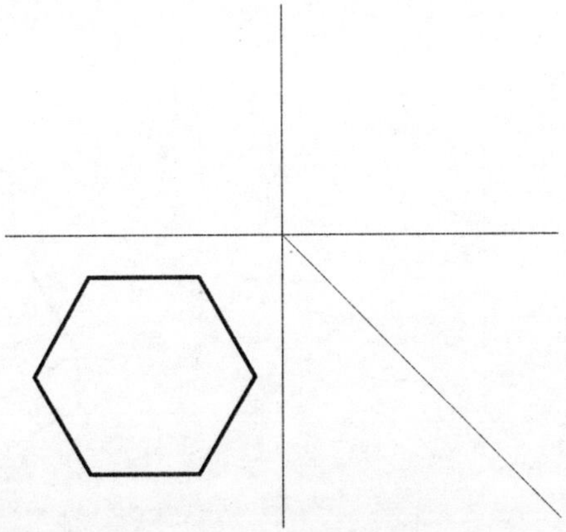

3.已知正五棱柱高20,完成其三视图。

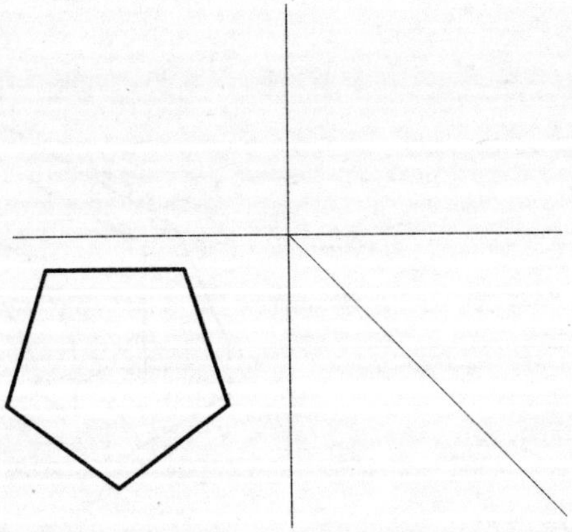

4.已知组合柱高20,完成其三视图。

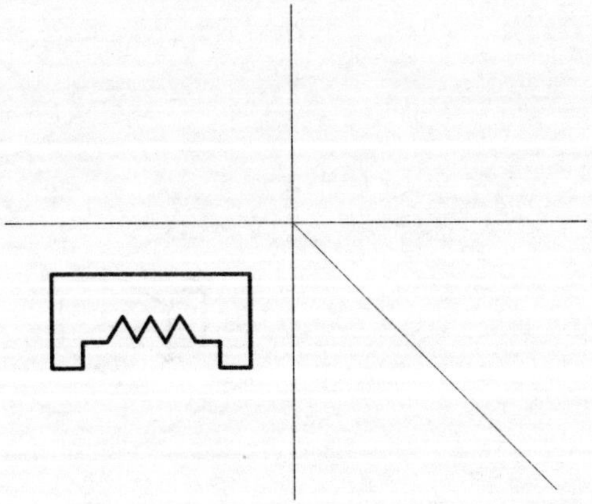

6-2 绘制棱柱切割体的三视图	班级		姓名		学号		页次	25

1.

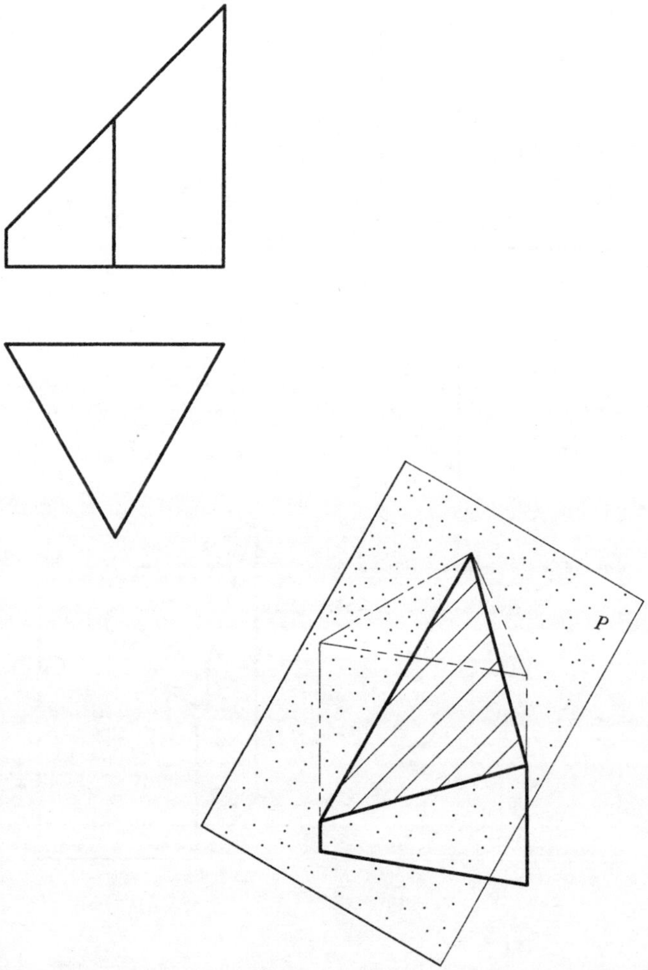

2.

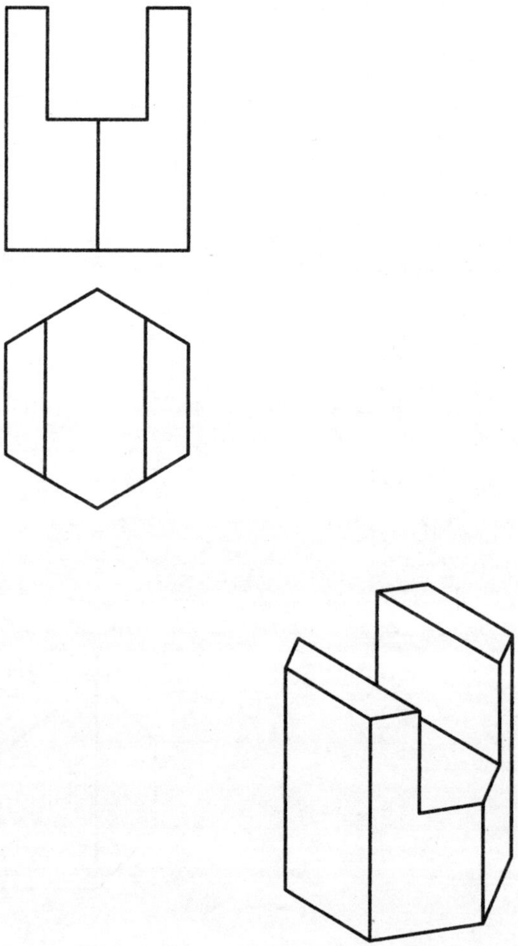

6-2 绘制棱柱切割体的三视图	班级		姓名		学号		页次	26

3.

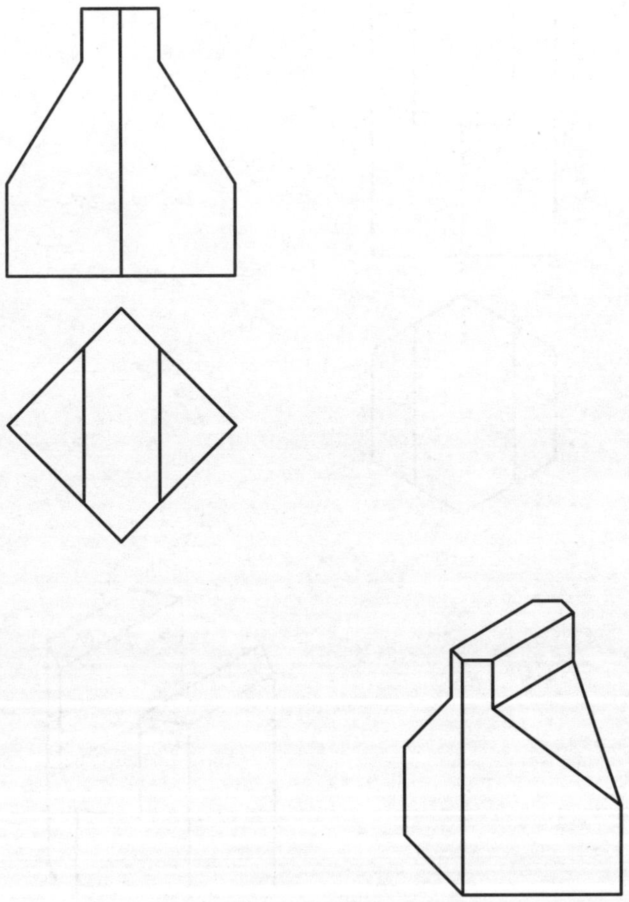

4.

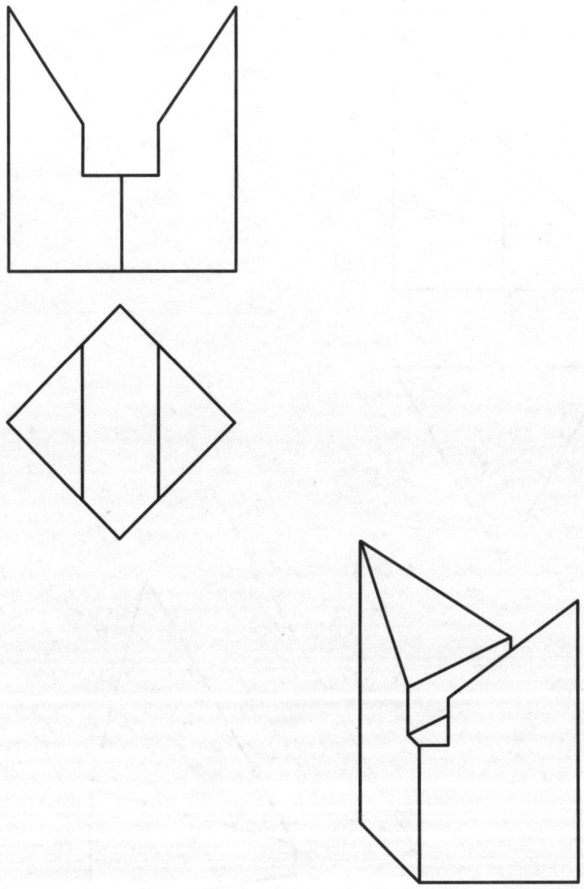

6-3　绘制棱锥、棱台体的三视图	班级		姓名		学号		页次	27

1.已知正三棱锥高20，完成其三视图。

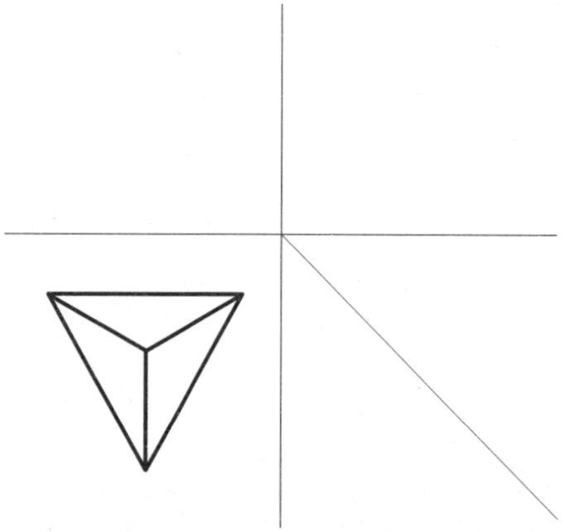

2.已经正四棱锥高20，完成其三视图。

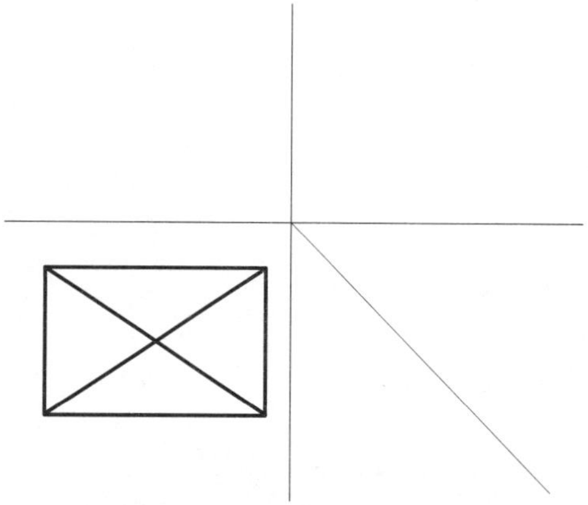

3.已知正三棱台高20,完成其三视图。

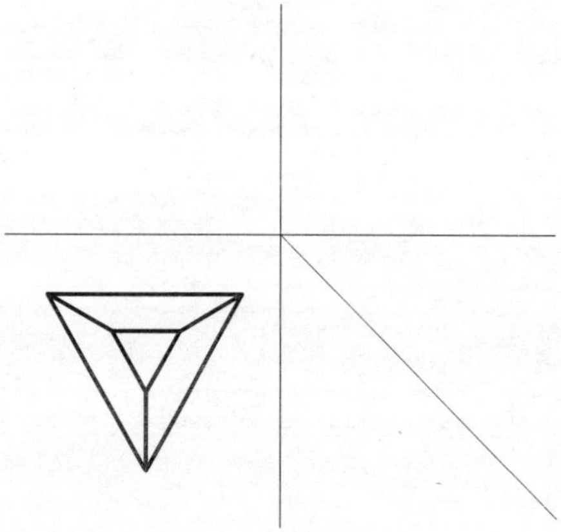

4.已知正四棱台高20,完成其三视图。

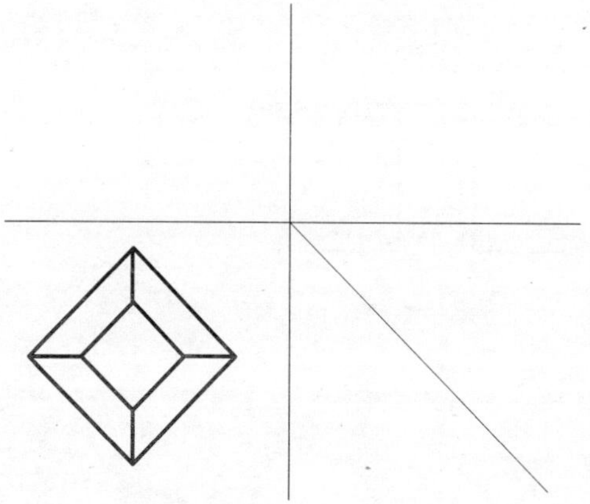

6–3 绘制棱锥、棱台体的三视图	班级		姓名		学号		页次	28

5.画出四棱锥的左视图。

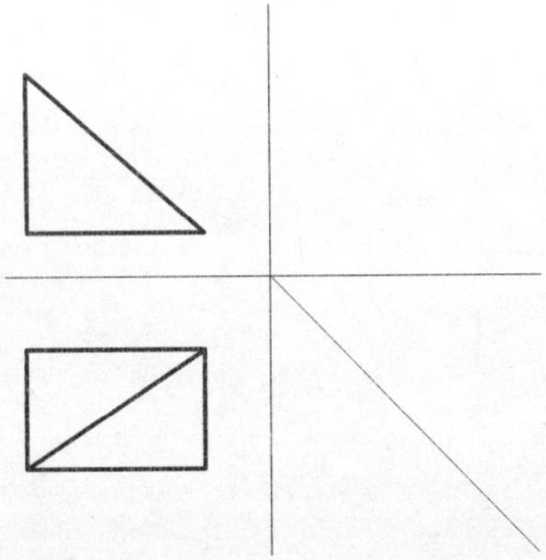

6.画出四棱锥台的俯视图。

7.画出四棱锥台形体的俯视图。

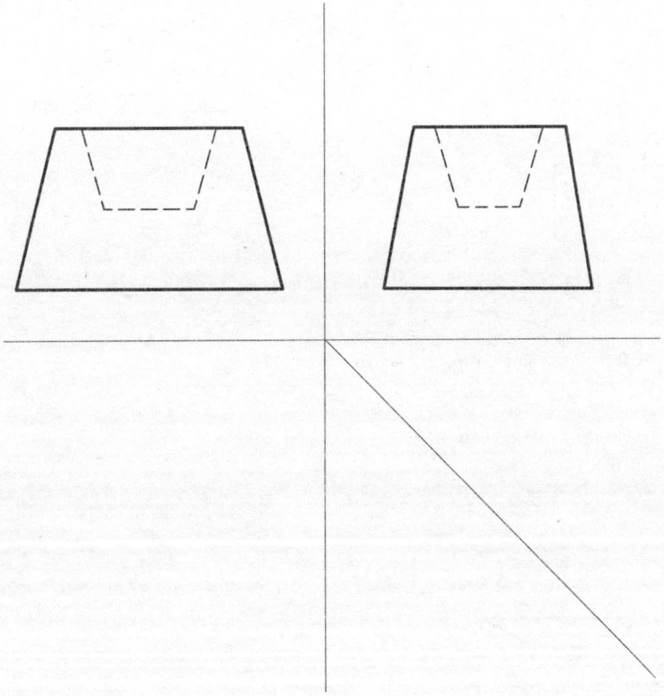

6-4 绘制棱锥切割体的三视图	班级		姓名		学号		页次	29

1.

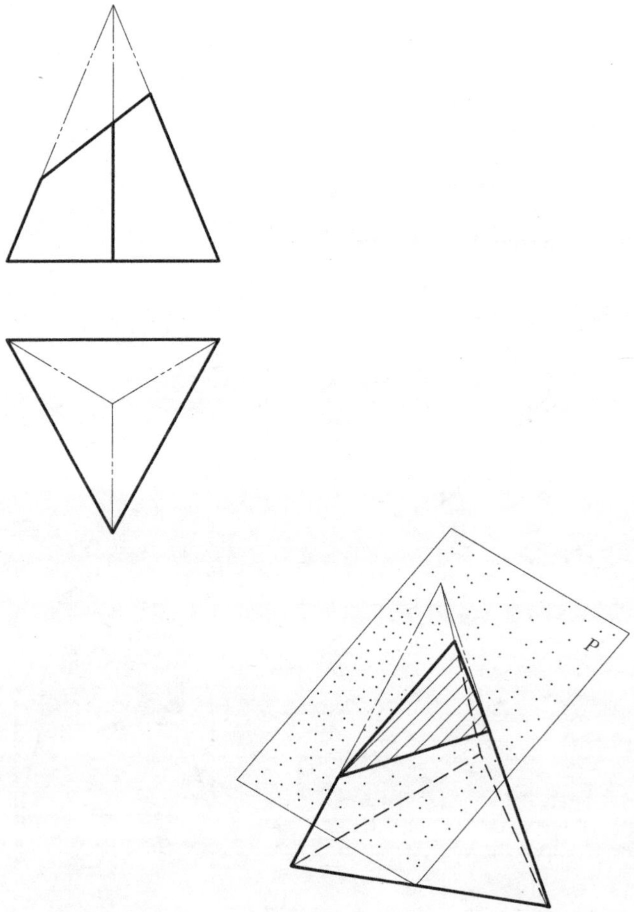

2.

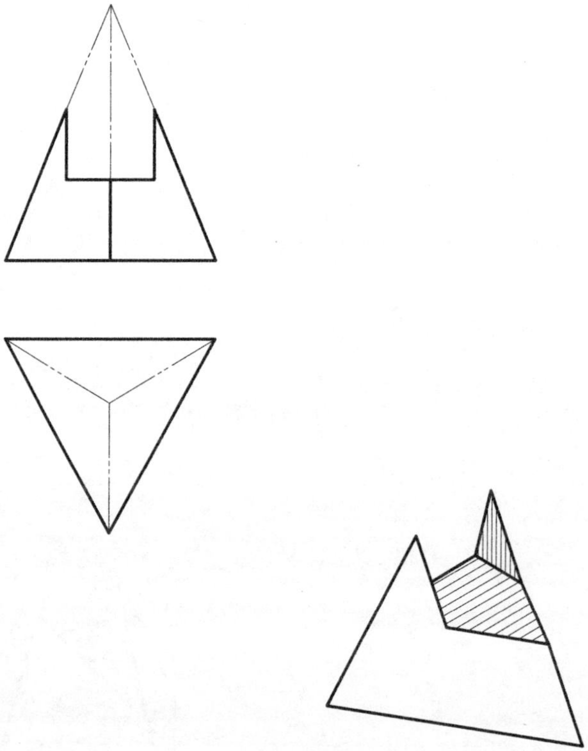

6–4 绘制棱锥切割体的三视图	班级		姓名		学号		页次	30

3.

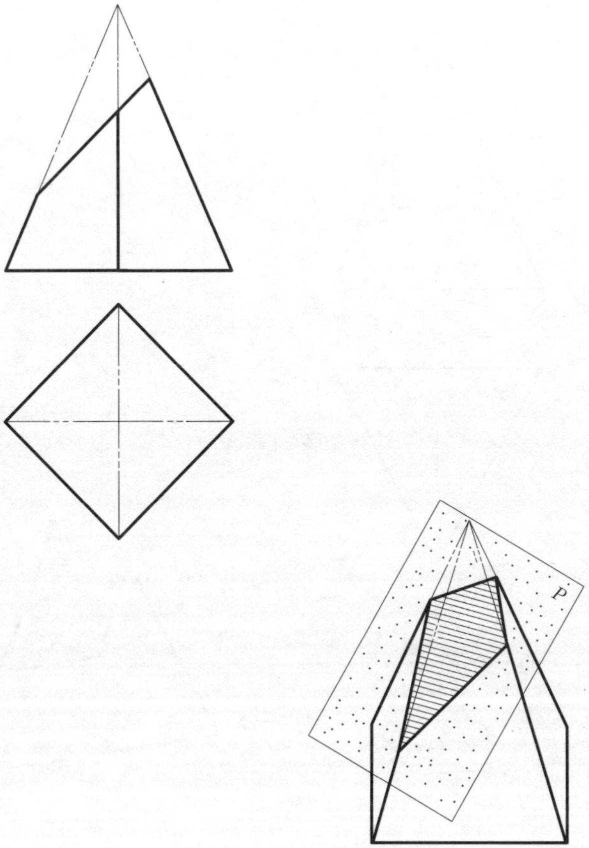

4.

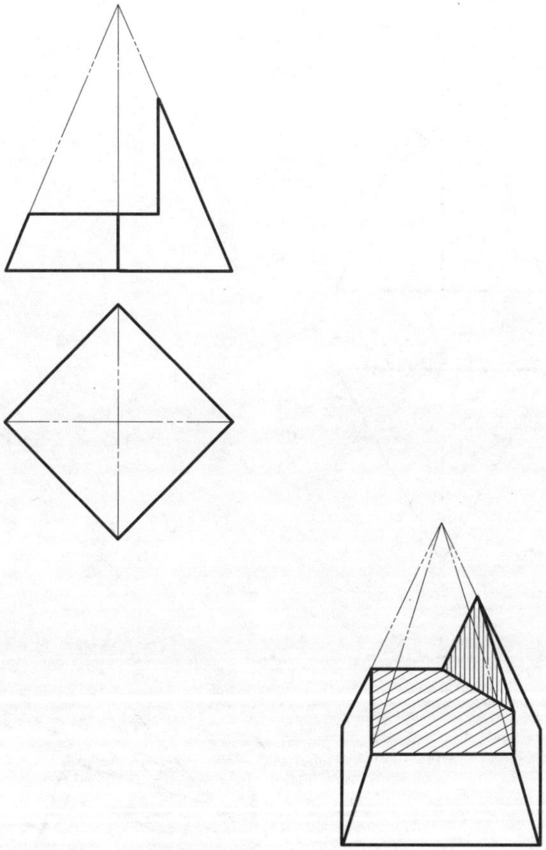

7-1　绘制曲面基本体的三视图	班级		姓名		学号		页次	31

1.已知空心圆柱高20，完成其三视图。

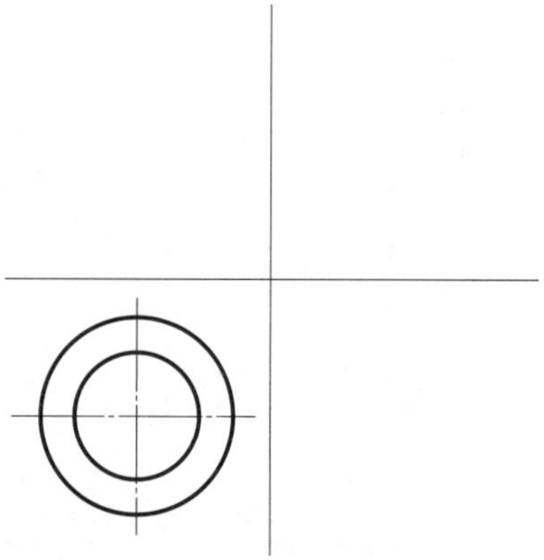

2.已知圆锥台高20，完成其三视图。

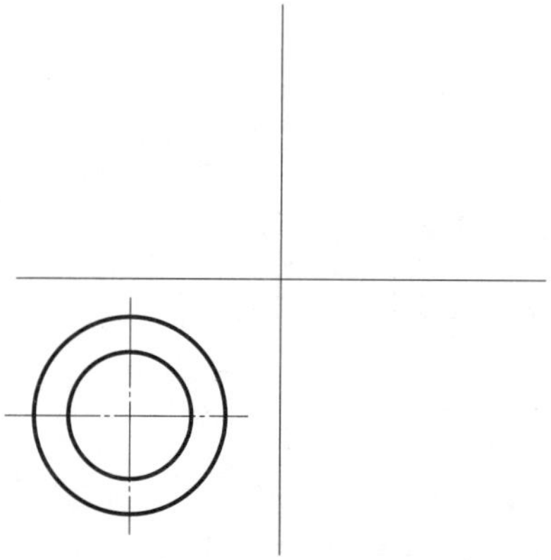

3.已知组合柱前后长20,完成其三视图。

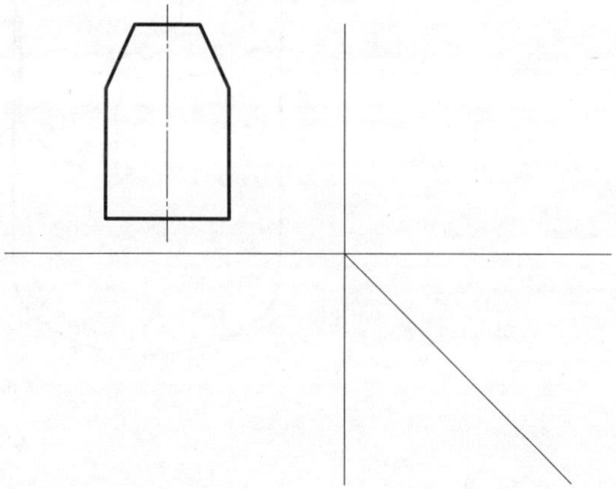

4.已知圆球与圆柱连接体的正面投影，完成其三视图。

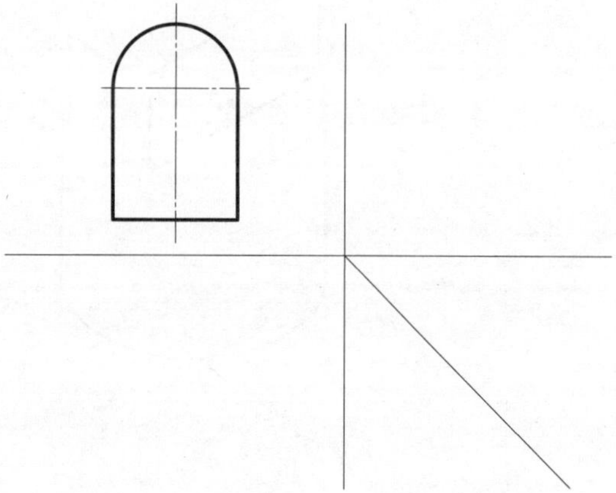

7-2　绘制圆柱切割体的三视图	班级		姓名		学号		页次	32

1.

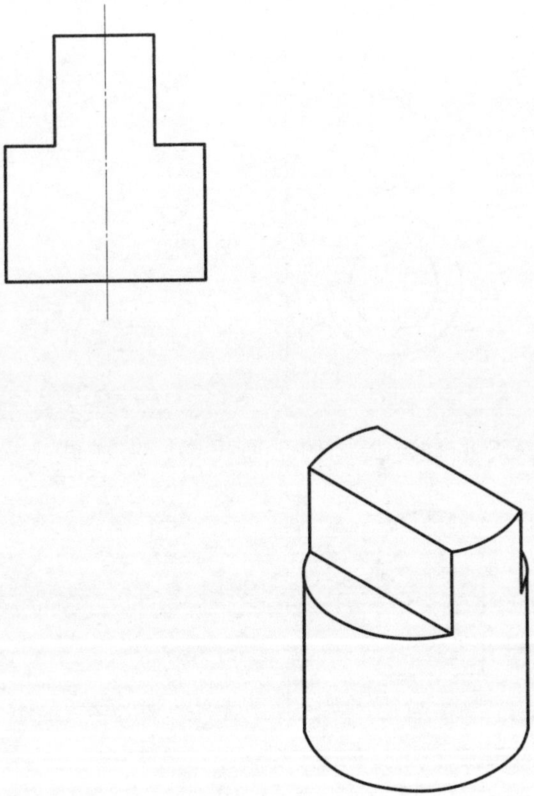

2.

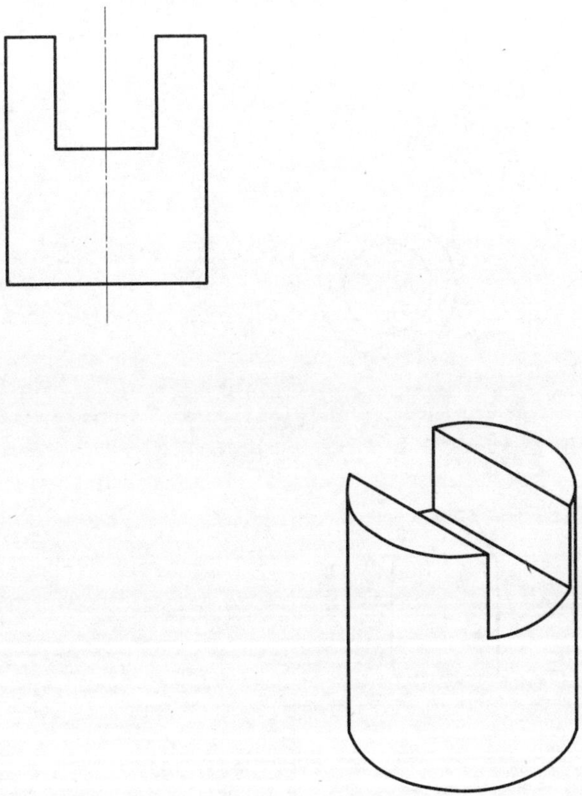

7-2　绘制圆柱切割体的三视图	班级		姓名		学号		页次	33

3.

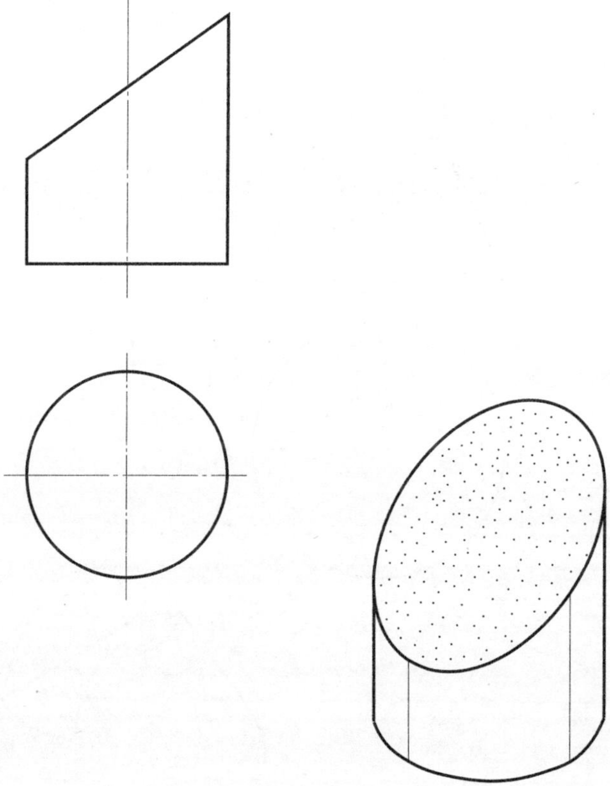

4.

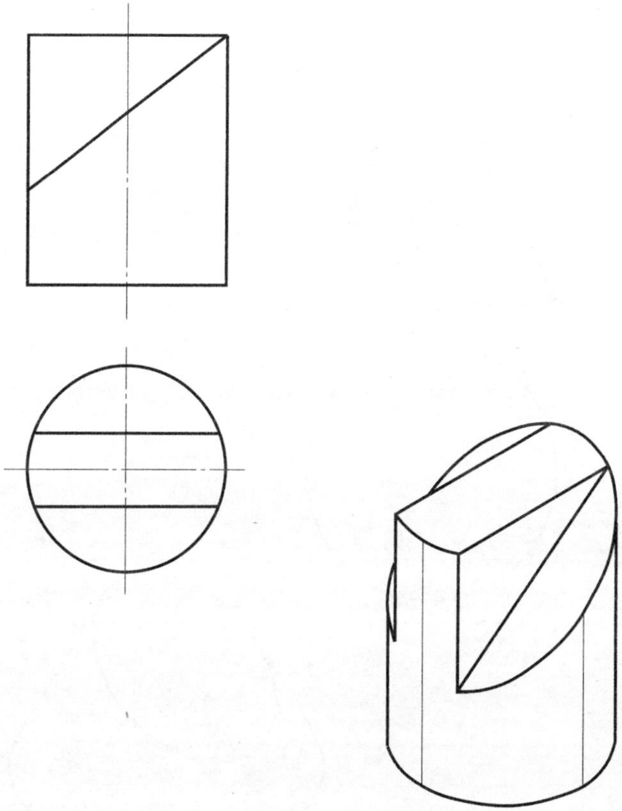

7–3　绘制圆锥切割体的三视图	班级		姓名		学号		页次	34

1.

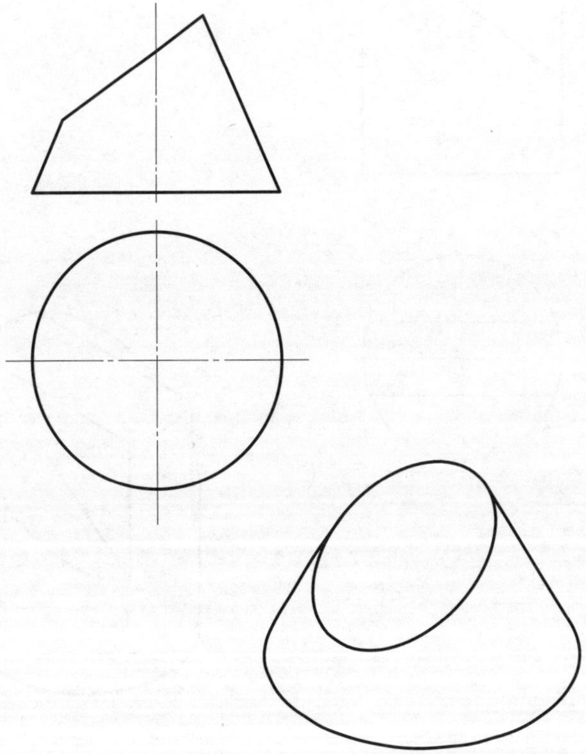

2.

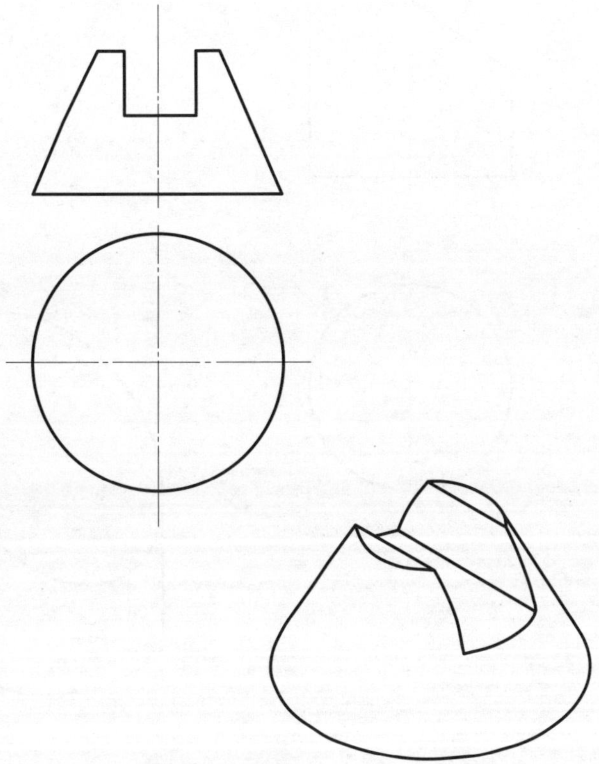

7-4　绘制圆球切割体的三视图	班级		姓名		学号		页次	35

1.

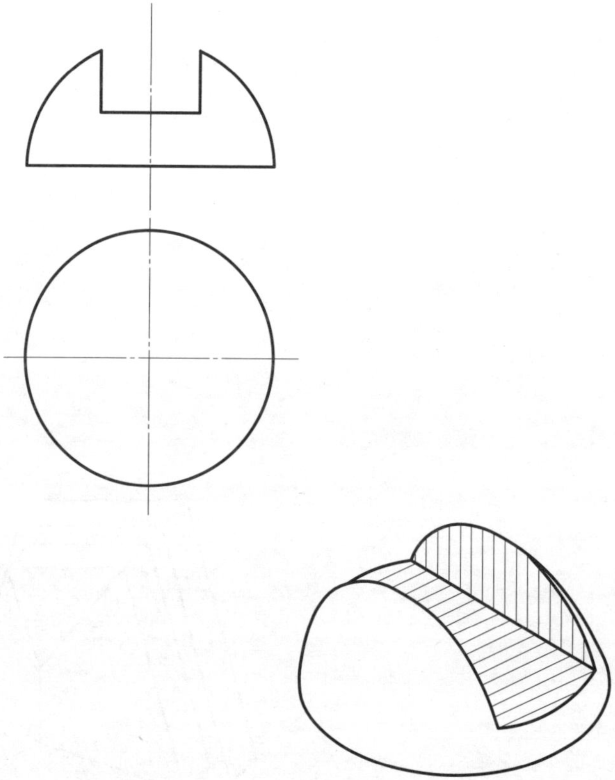

2.

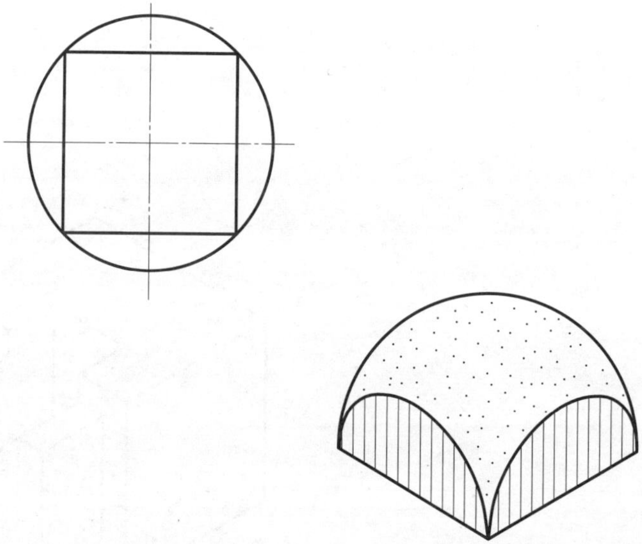

8-1　绘制组合体的三视图	班级		姓名		学号		页次	36

1.

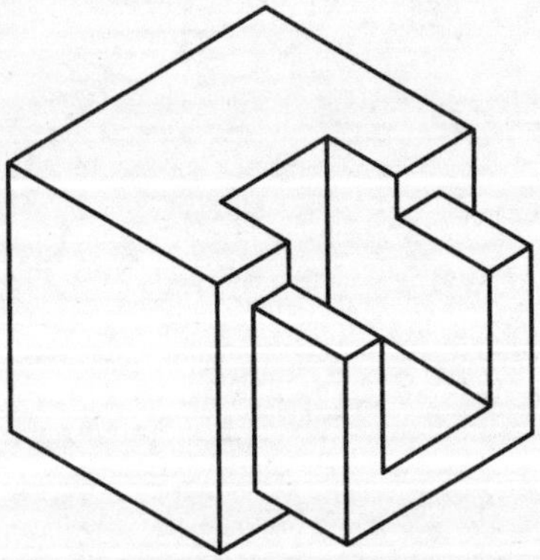

2.

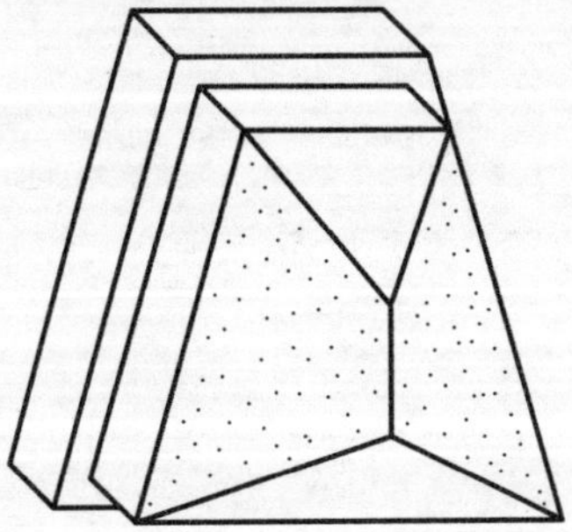

8-1　绘制组合体的三视图	班级		姓名		学号		页次	37

3.

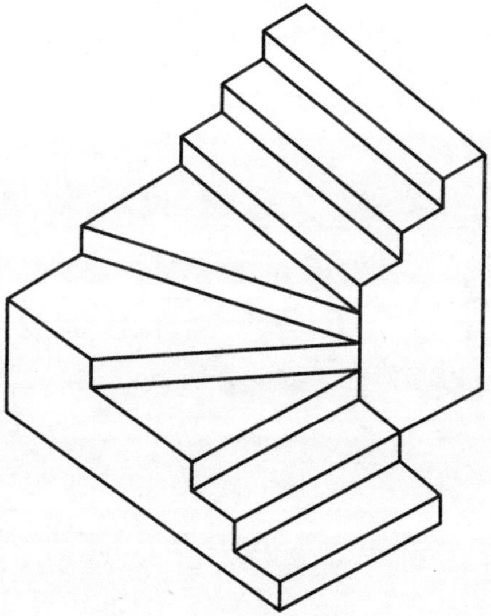

8–1 绘制组合体的三视图	班级		姓名		学号		页次	38

4.

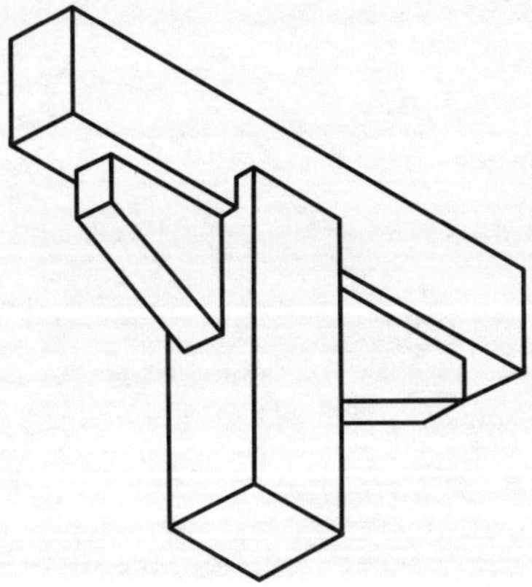

8-1　绘制组合体的三视图	班级		姓名		学号		页次	39

5. 比例(1:10)

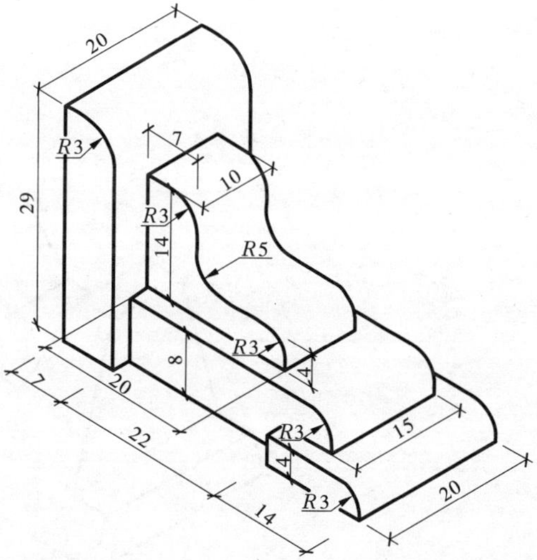

8–2　绘制切割型组合体的三视图	班级		姓名		学号		页次	40

1.

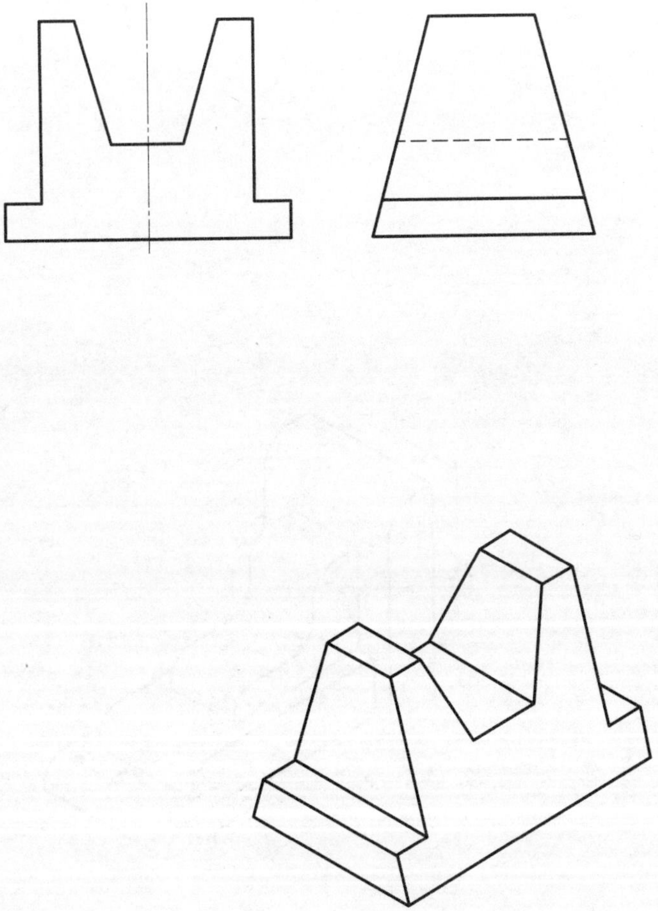

2.

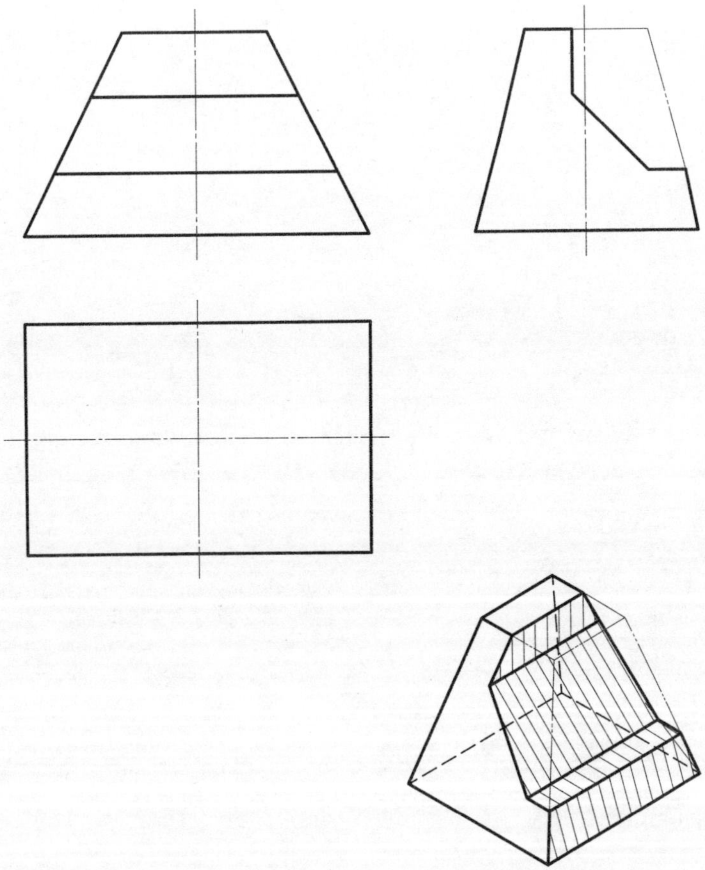

9-1　绘制螺旋线的投影	班级		姓名		学号		页次	41

1.已知导圆柱的水平投影和导程S，右旋，画出圆柱螺旋线的投影。

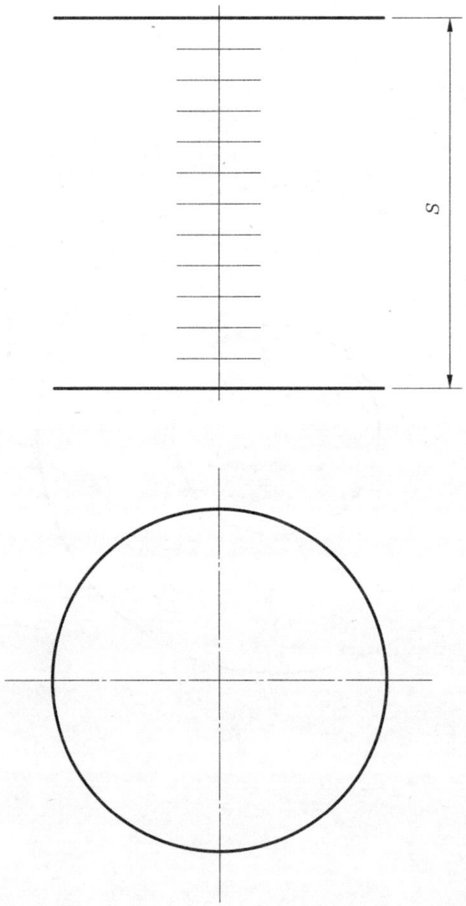

2.已知木制螺旋扶手的俯视图，补全主视图。

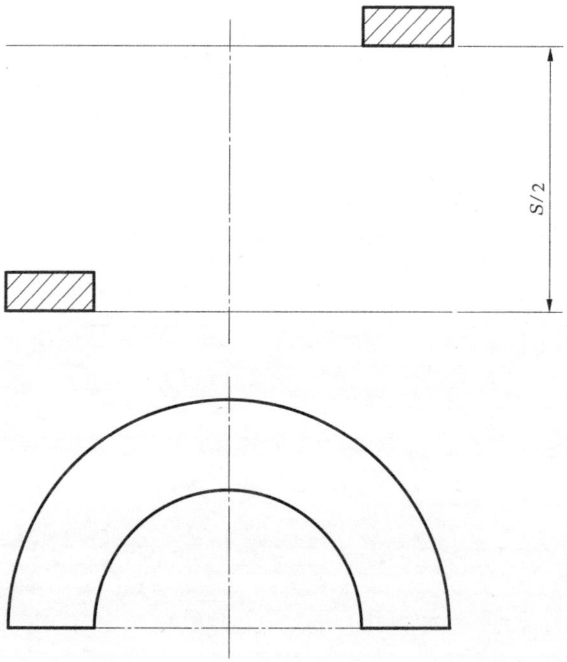

9-2 绘制螺旋楼梯的三视图	班级		姓名		学号		页次	42

1.已知木制螺旋楼梯内外圆柱面的水平投影，楼梯高为H,踏步高为$H/12$,绘制该楼梯的主、俯视图。

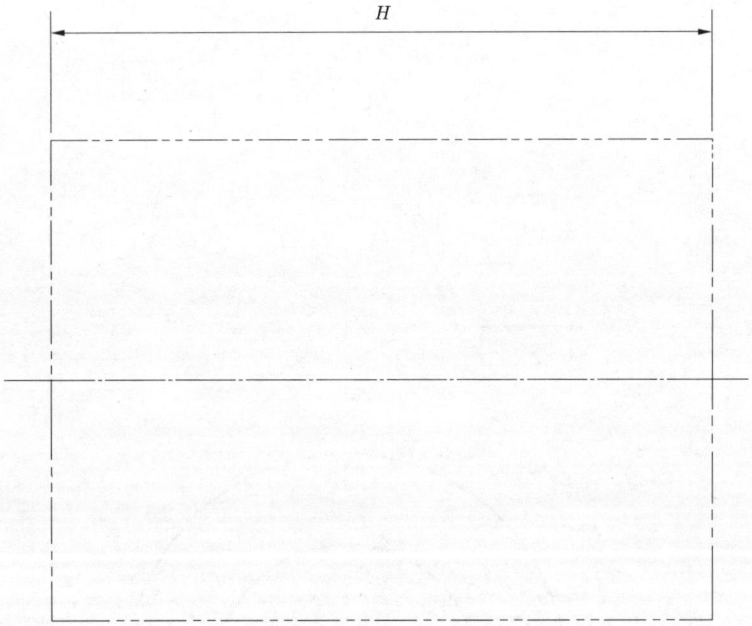

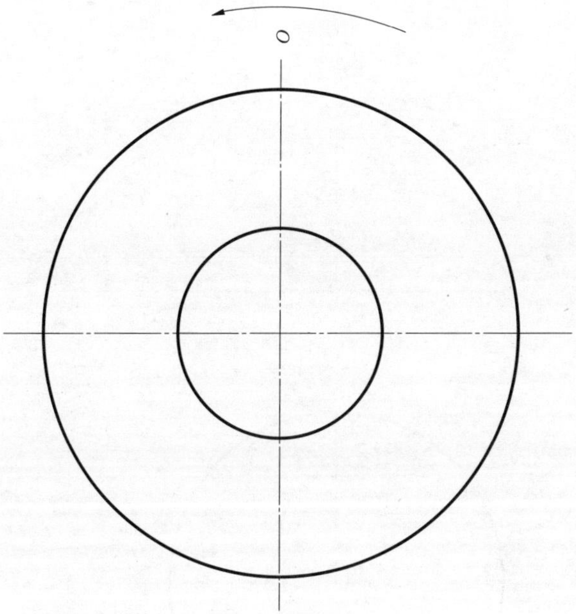

10–1 根据视图绘制正等轴测图	班级		姓名		学号		页次	43

1.

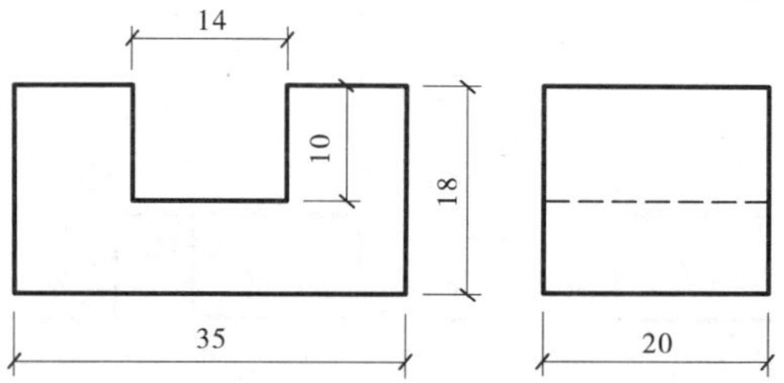

2.

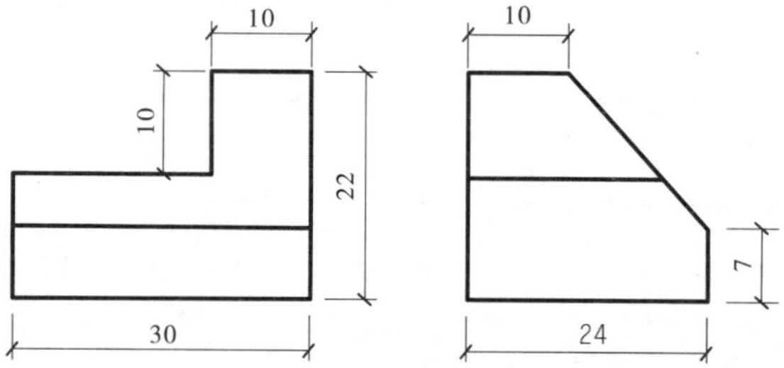

10-1 根据视图绘制正等轴测图	班级		姓名		学号		页次	44

3.

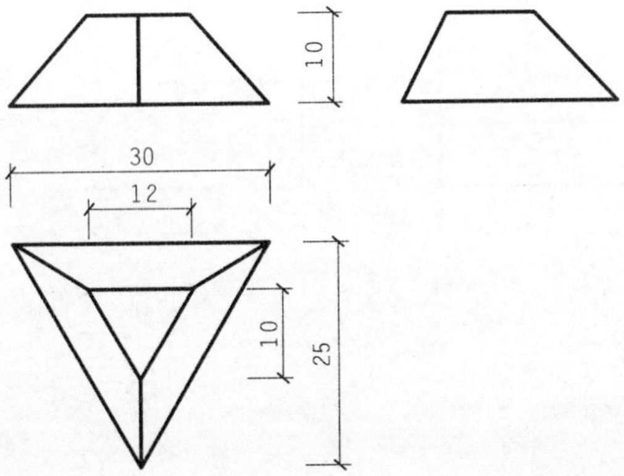

4.

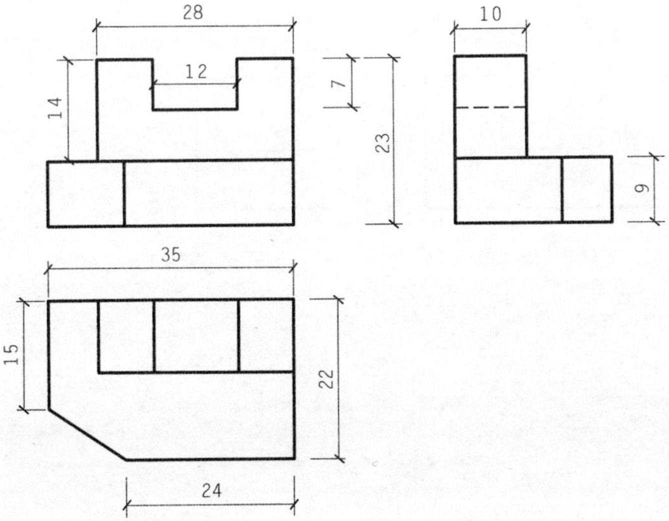

10-1 根据视图绘制正等轴测图	班级		姓名		学号		页次	45

5.

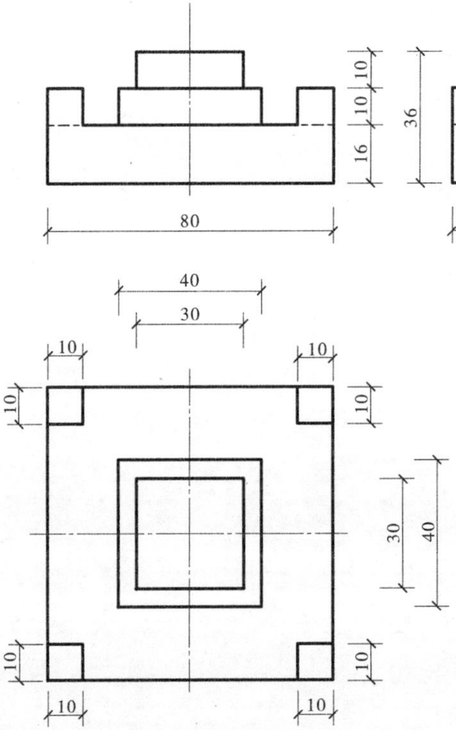

6.

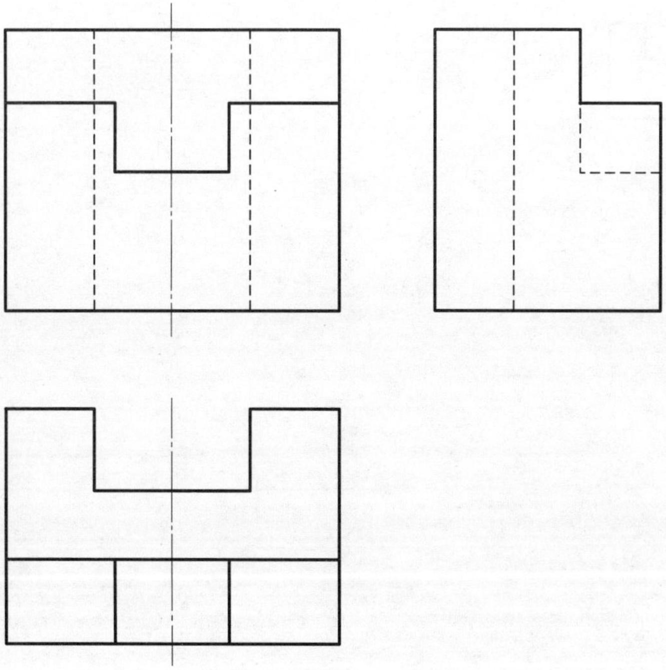

7.

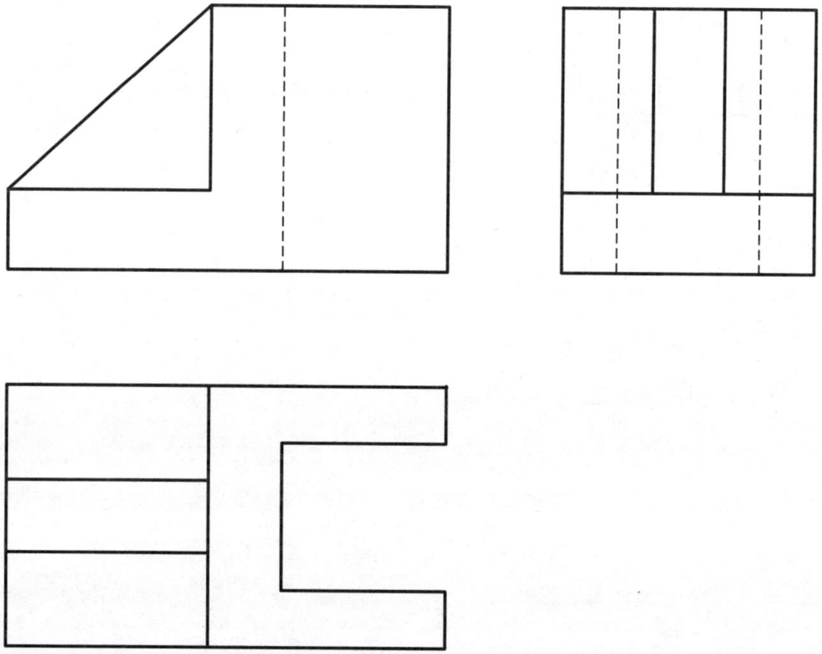

10-1　根据视图绘制正等轴测图	班级		姓名		学号		页次	48

8.

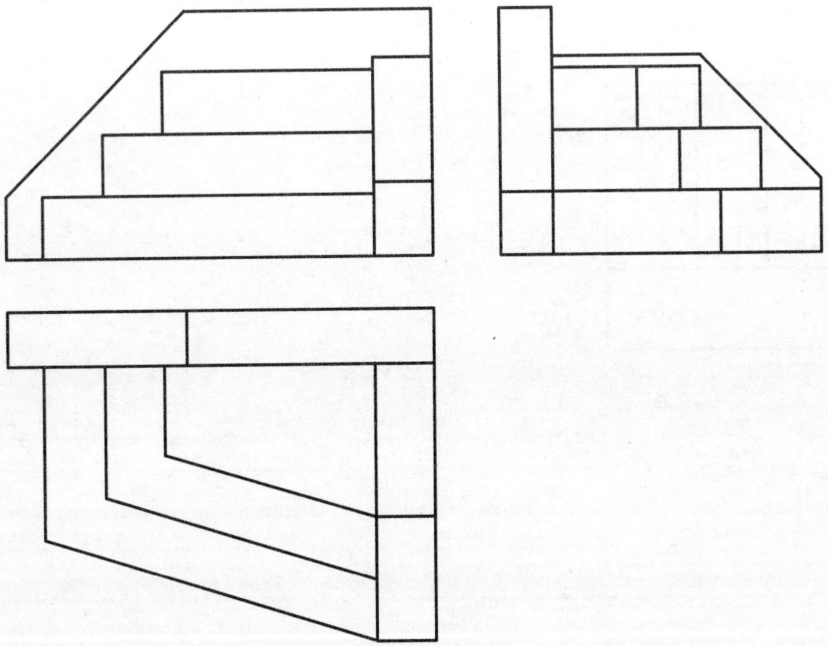

9.

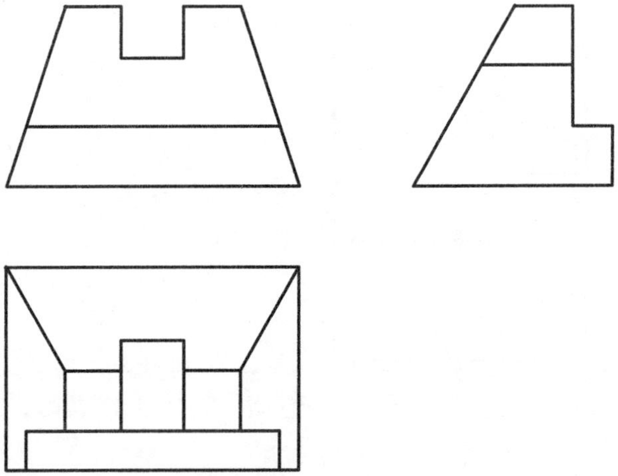

10-1 根据视图绘制正等轴测图	班级		姓名		学号		页次	50

10.

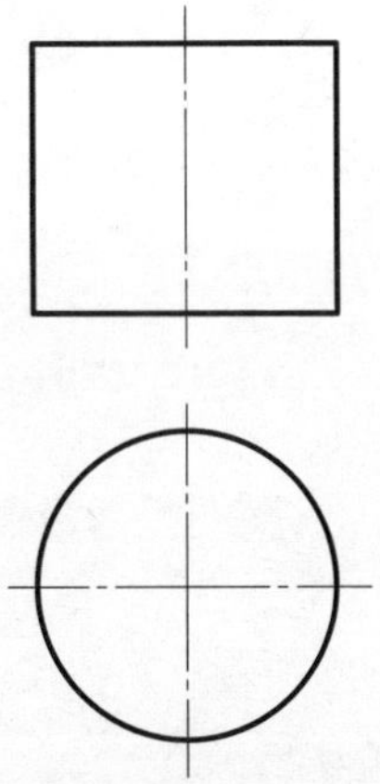

11.

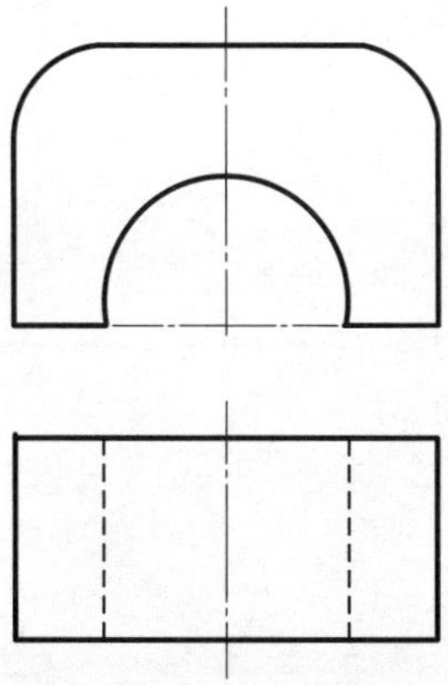

11-1 根据视图绘制斜二轴测图	班级		姓名		学号		页次	51

1.

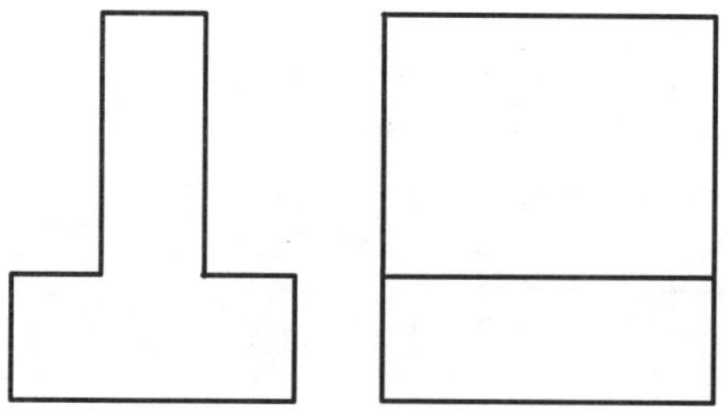

2.

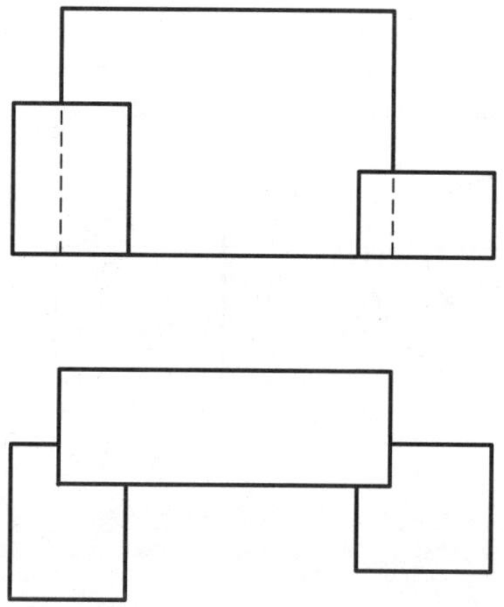

11-1 根据视图绘制斜二轴测图	班级		姓名		学号		页次	52

3.

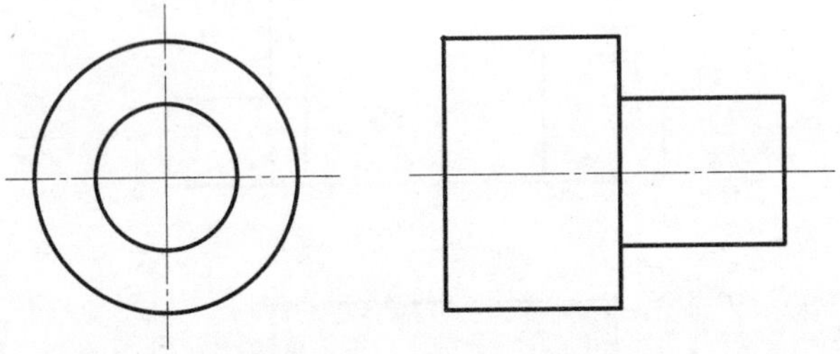

4.

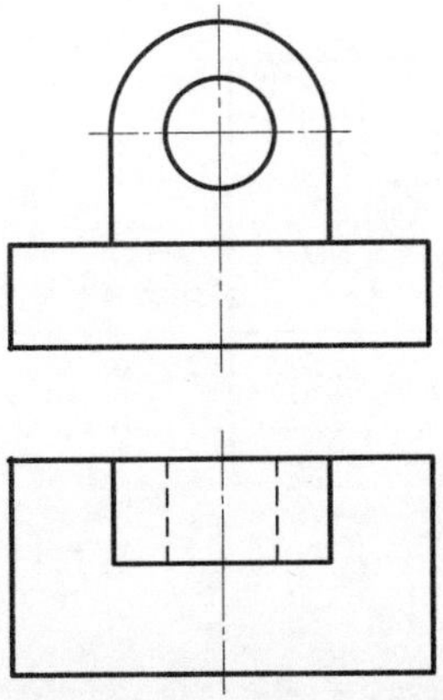

11-1 根据视图绘制斜二轴测图	班级		姓名		学号		页次	53

5.

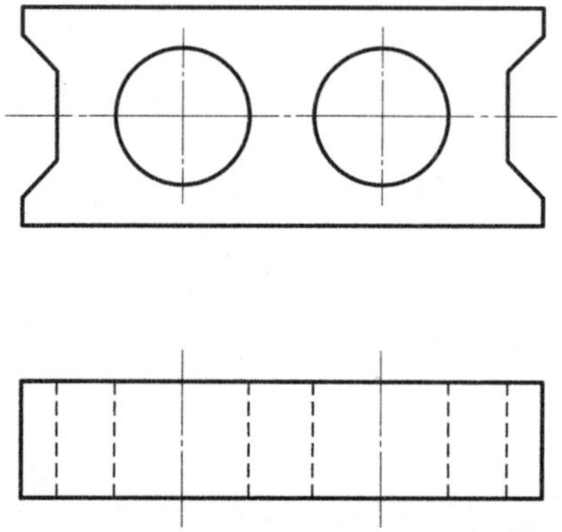

6.

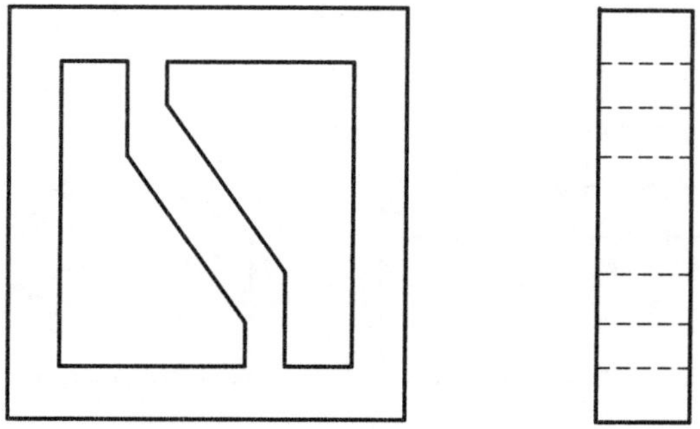

11-2 根据视图绘制轴测图，轴测类型自定	班级		姓名		学号		页次	54

1.

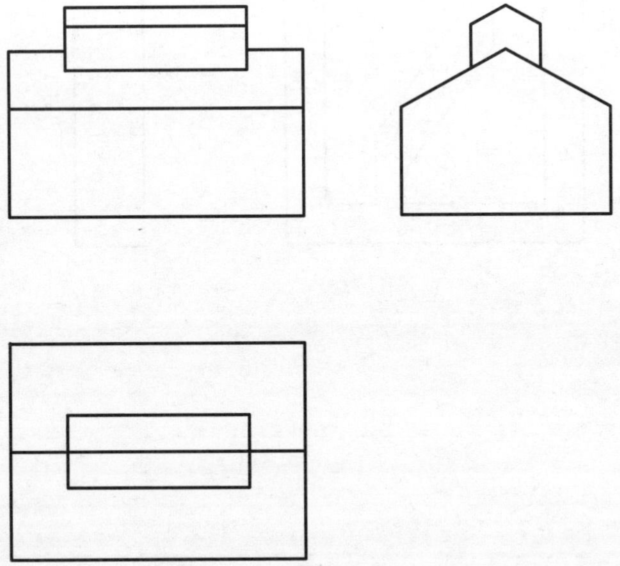

11-2　根据视图绘制轴测图，轴测类型自定	班级		姓名		学号		页次	55

2.

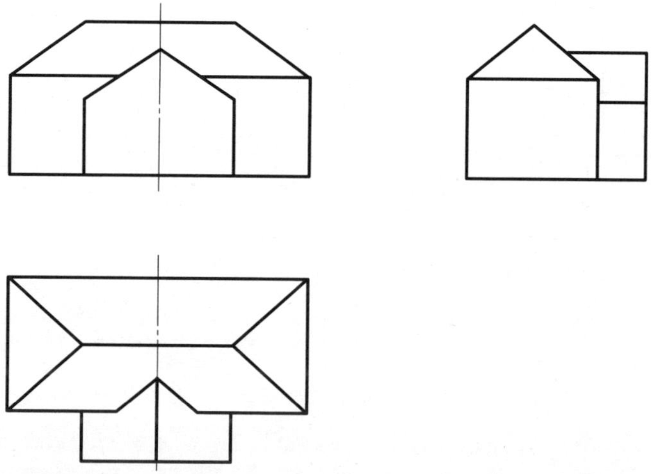

11-2 根据视图绘制轴测图，轴测类型自定	班级		姓名		学号		页次	56

3.

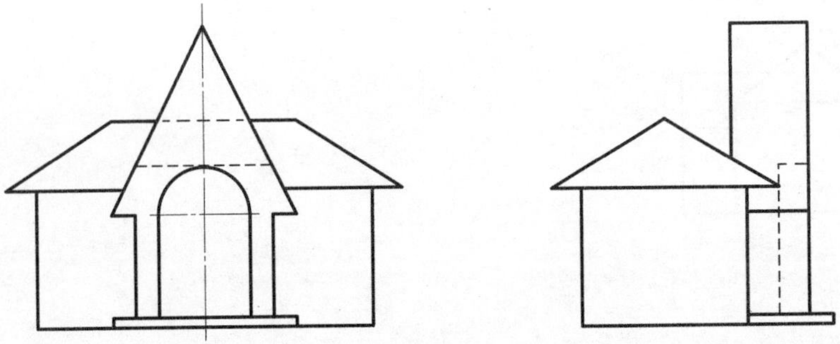

11-2 根据视图绘制轴测图，轴测类型自定	班级		姓名		学号		页次	57

4.

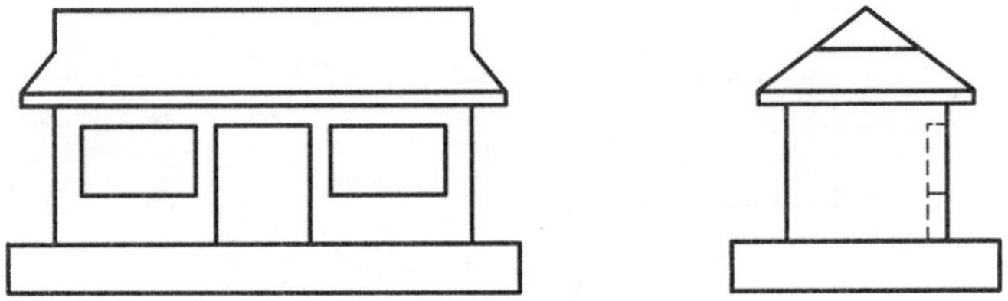

12-1 对照视图构思形体	班级		姓名		学号		页次	58

1.对照主视图构思形体，画出两个轴测图。

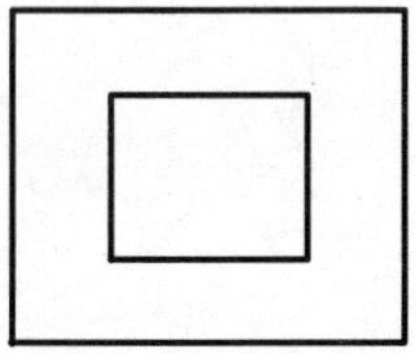

2.对照主视图构思形体，画出两个轴测图。

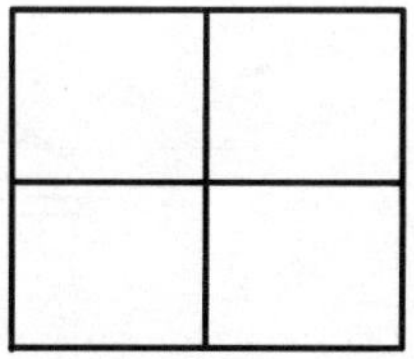

12-1 对照视图构思形体	班级		姓名		学号		页次	59

3.根据主、俯视图构思形体，画出两个轴测图。

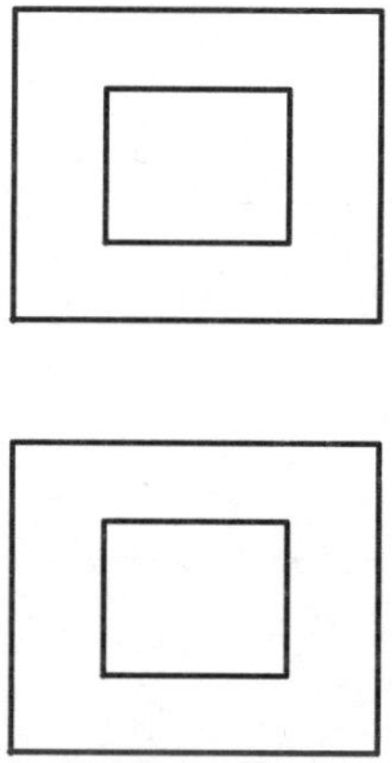

4.根据主、俯视图构思形体，画出两个轴测图。

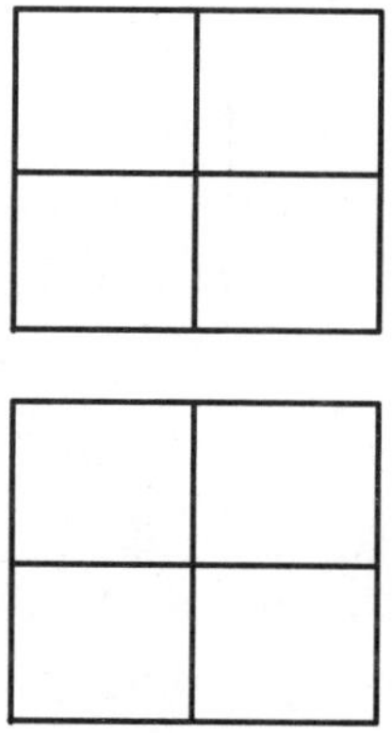

12-2 识读二视图画轴测图与第三视图	班级		姓名		学号		页次	60

1.

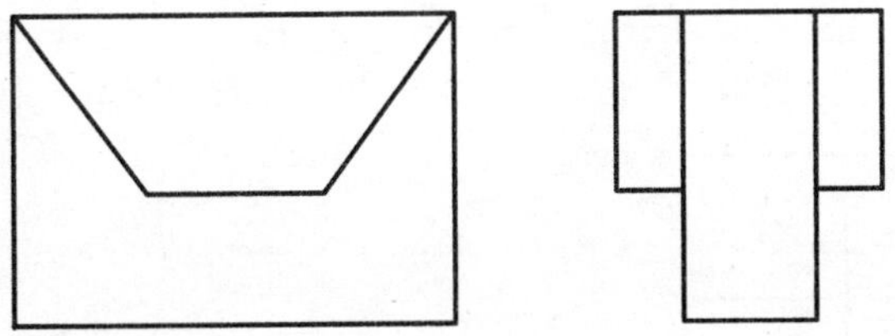

2.

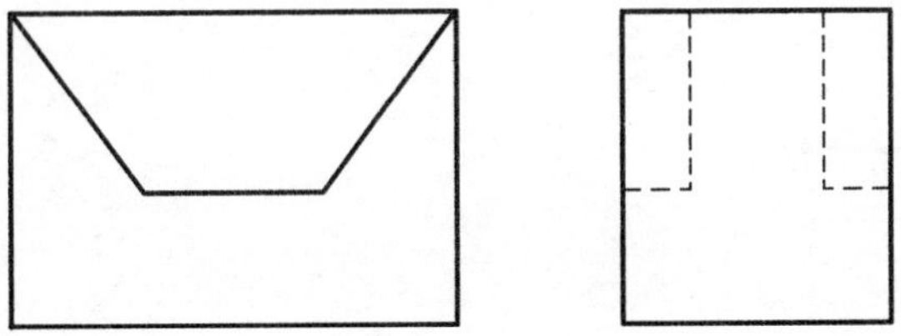

12-2 识读二视图画轴测图与第三视图	班级		姓名		学号		页次	61

3.

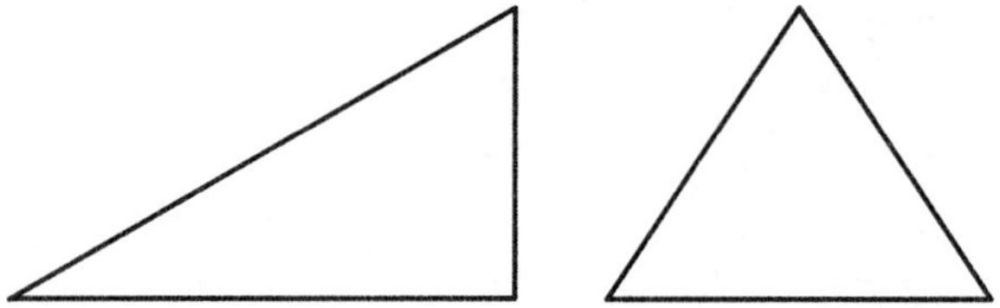

4.

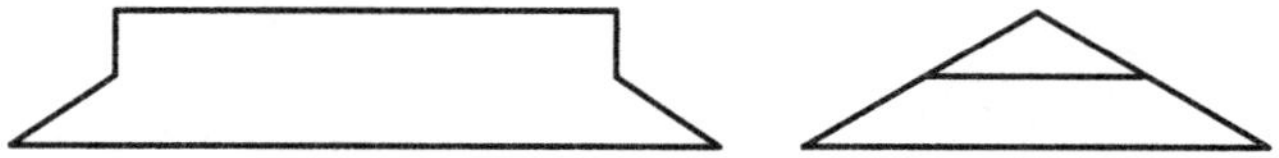

12-2 识读二视图画轴测图与第三视图	班级		姓名		学号		页次	62

5.

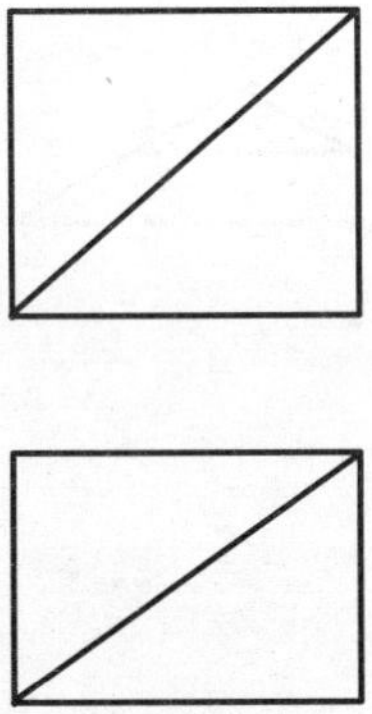

6.

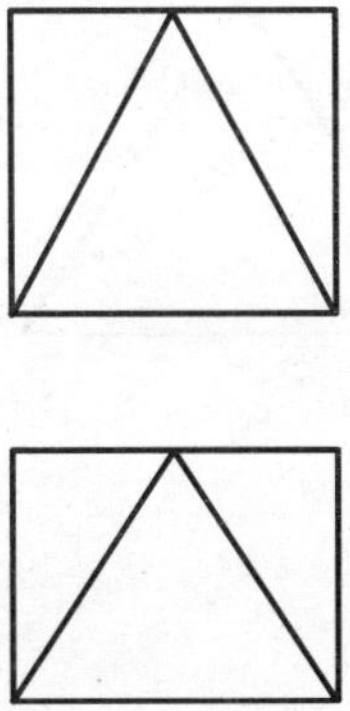

12-3 根据两视图补画第三视图	班级		姓名		学号		页次	63

1.

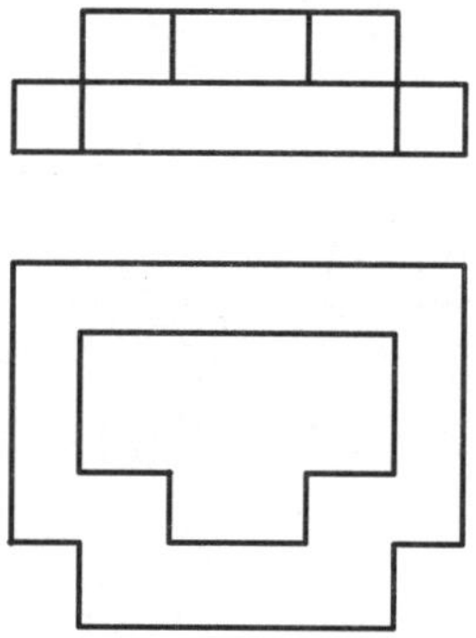

2.

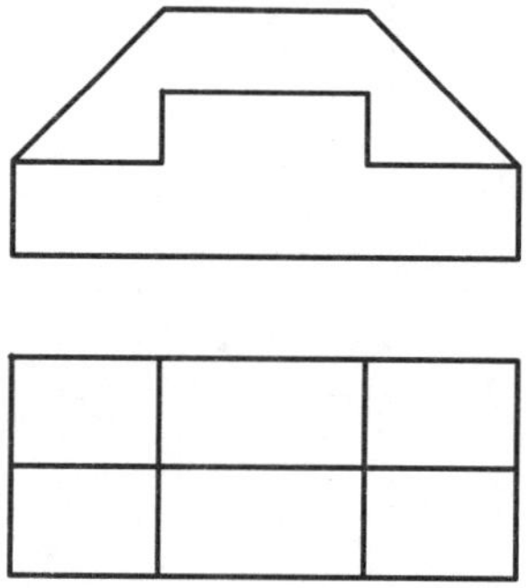

3.

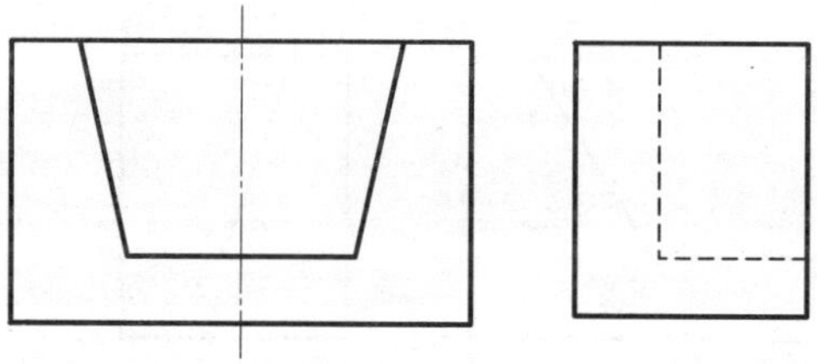

4.

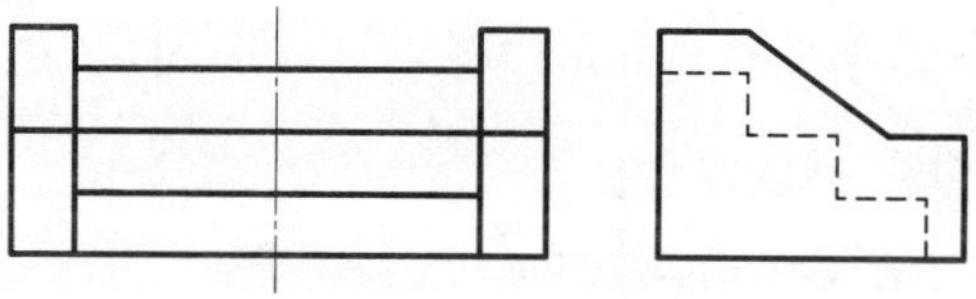

12-3 根据两视图补画第三视图	班级		姓名		学号		页次	64

5.

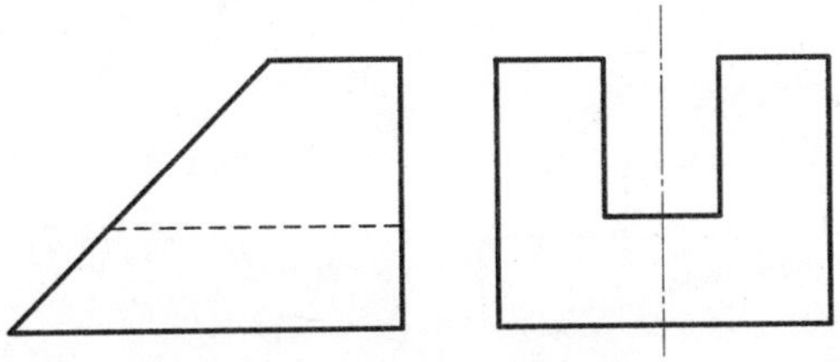

6.

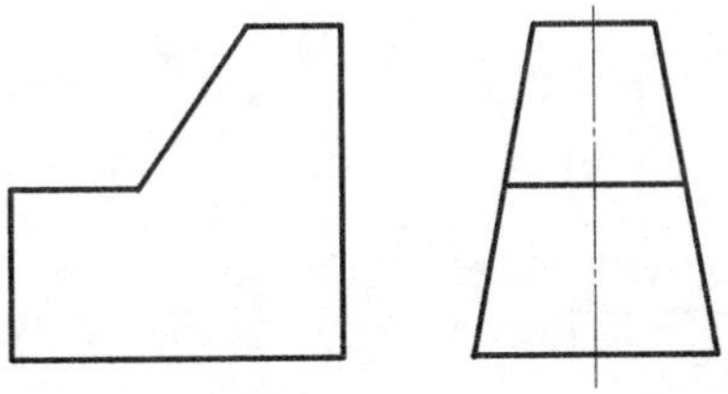

7.

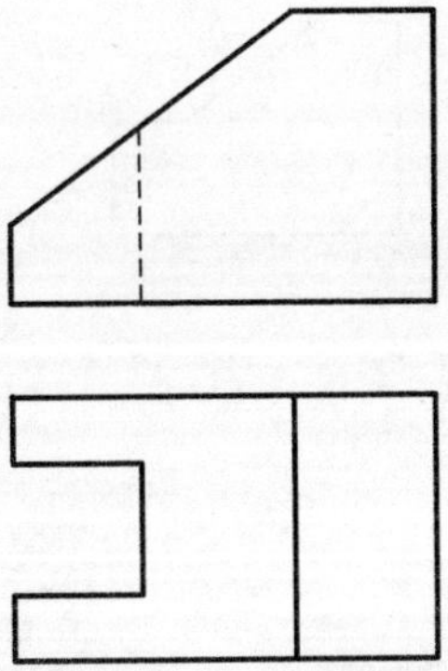

8.

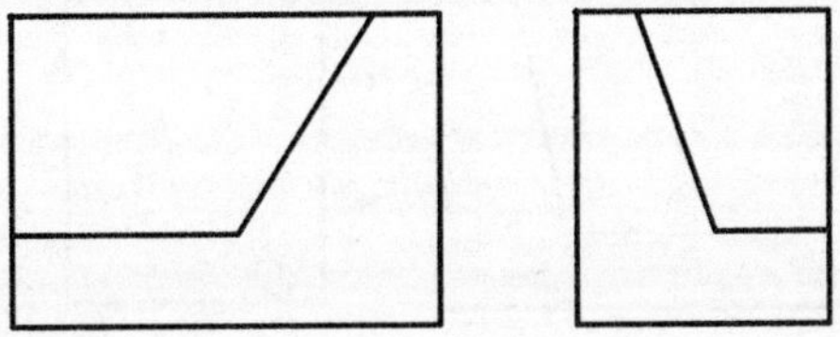

12-3 根据两视图补画第三视图	班级		姓名		学号		页次	65

9.

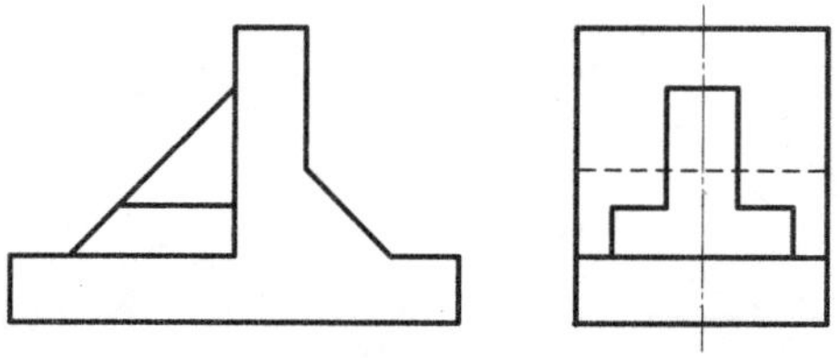

10.

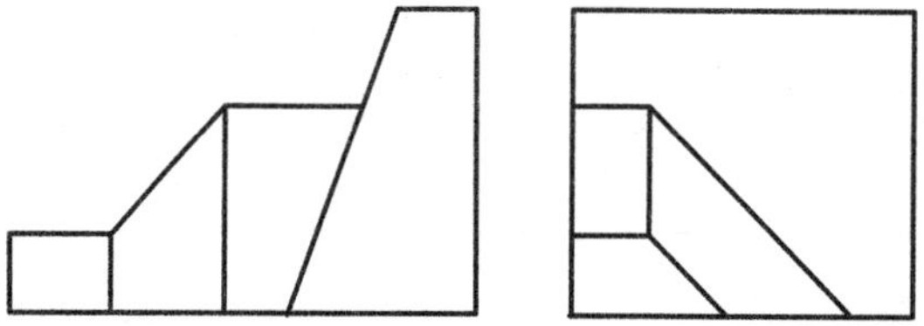

11.

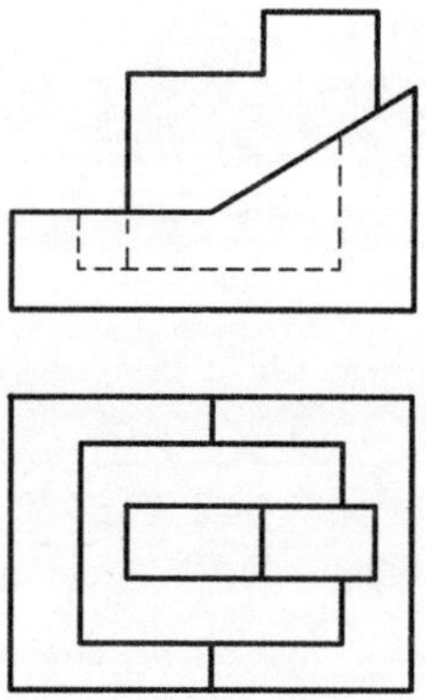

12.

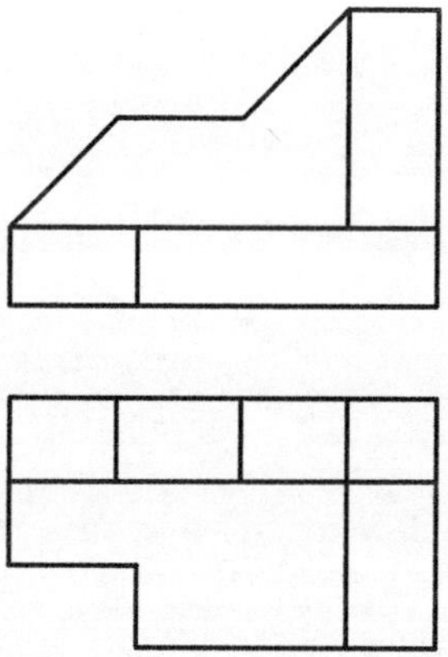

12-3 根据两视图补画第三视图	班级		姓名		学号		页次	66

13.

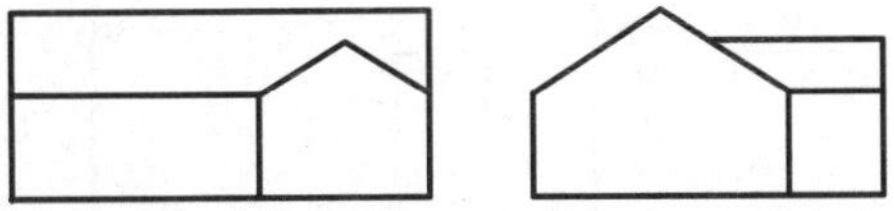

14.

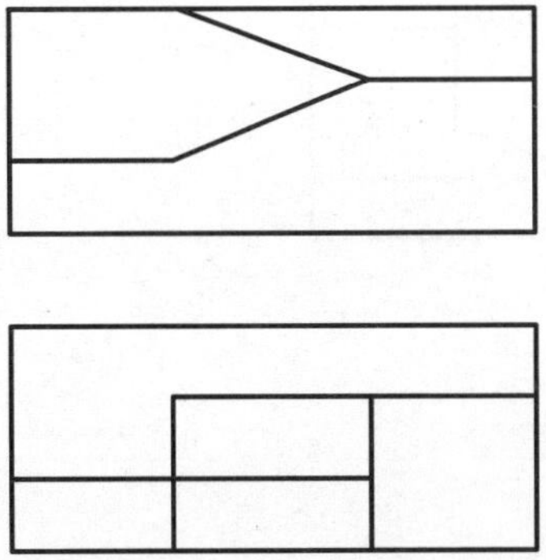

15.

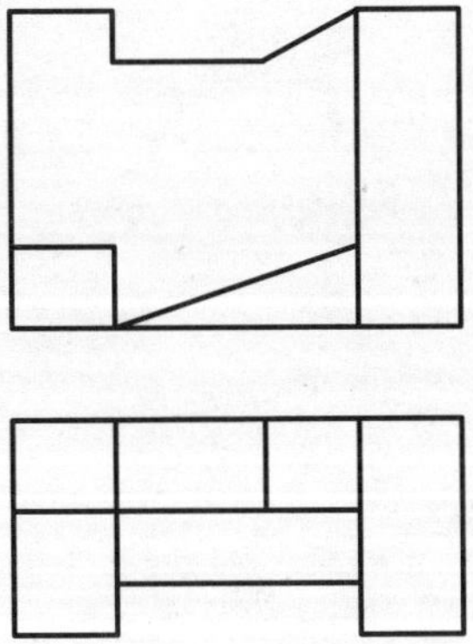

16.

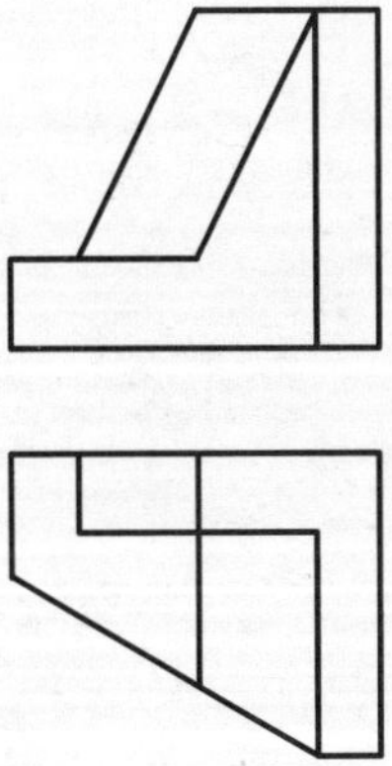

13-1 补全建筑形体的六个基本视图	班级		姓名		学号		页次	67

1.

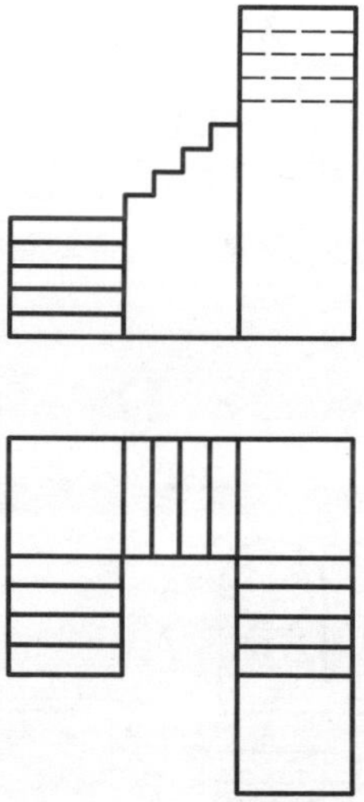

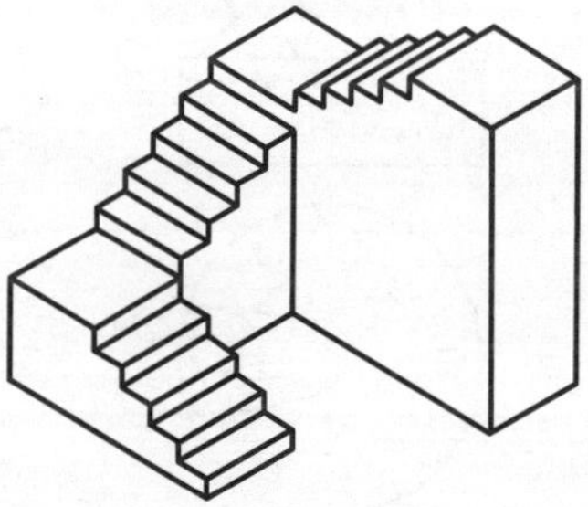

13-2 选择正确视图	班级		姓名		学号		页次	68

1.正确的右视图是(　　)。

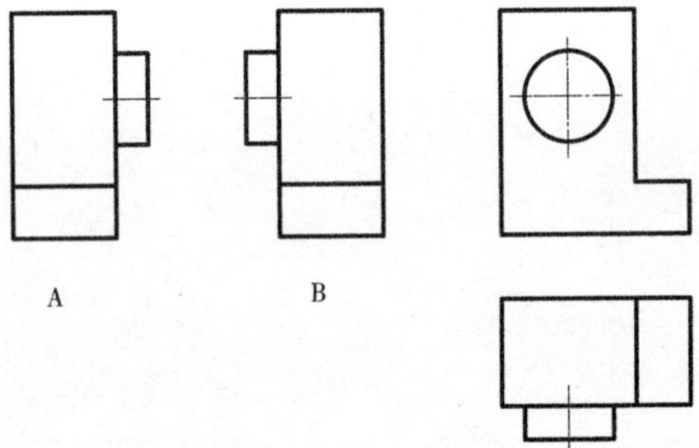

2.正确的A向视图是(　　)。

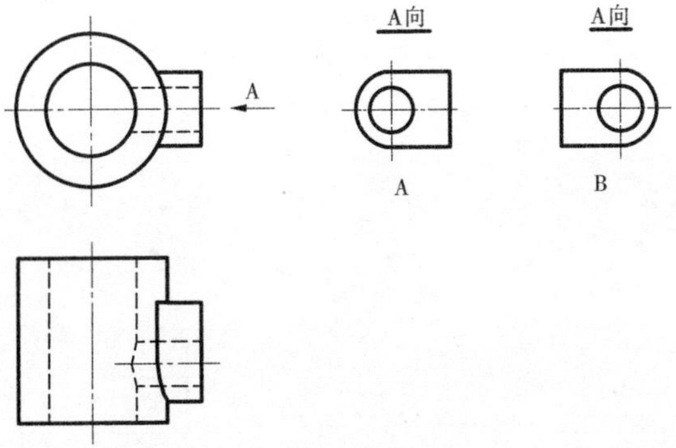

3.正确的A向斜视图是(　　)。

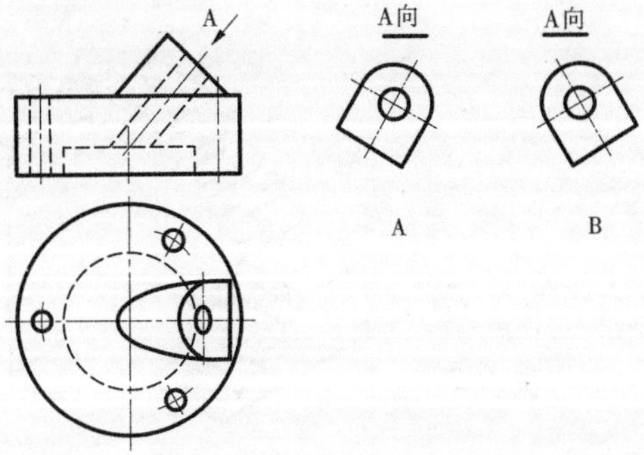

4.正确的A向视图是(　　)。

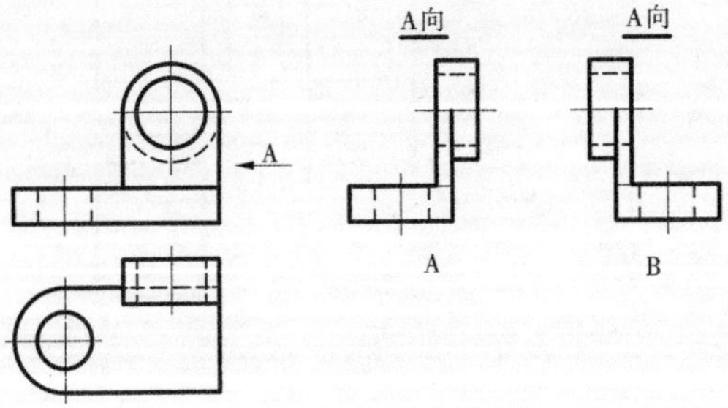

14-1　选择正确的剖面图	班级		姓名		学号		页次	69

1.（　　）

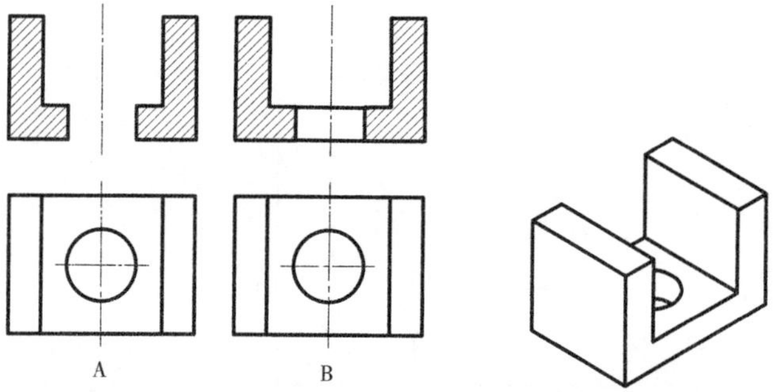

2.（　　）

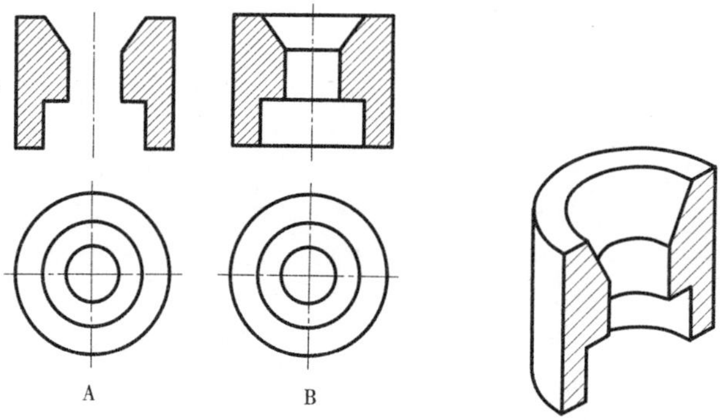

3.（　　）

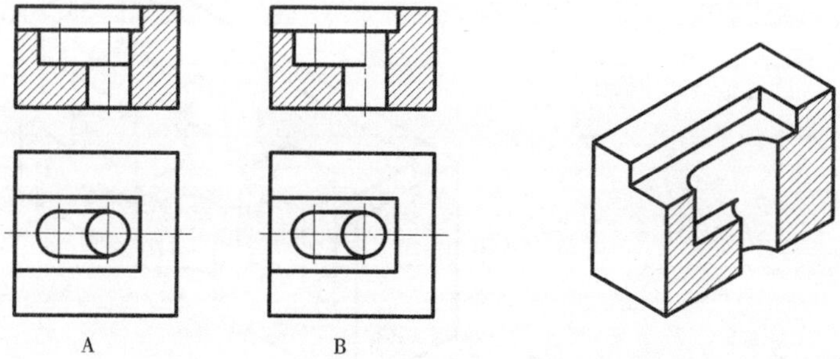

4.（　　）

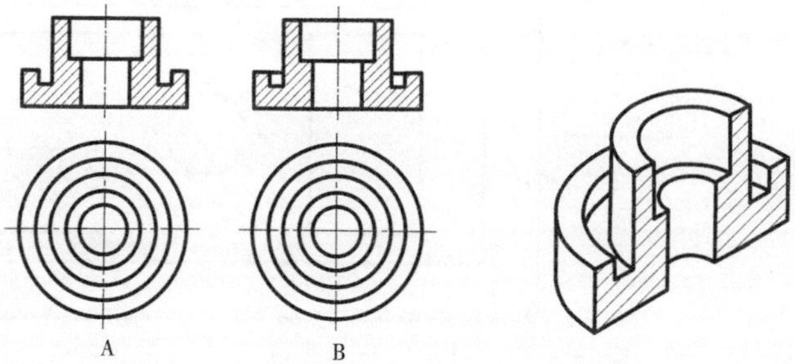

14-2 按要求画出全剖面图	班级		姓名		学号		页次	70

1.画出1—1全剖面图。

1—1

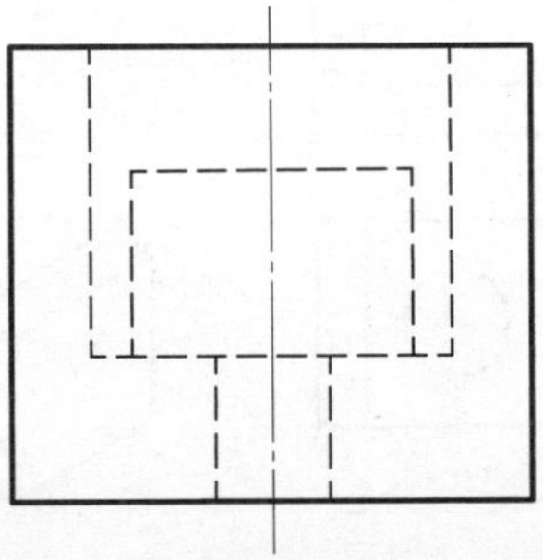

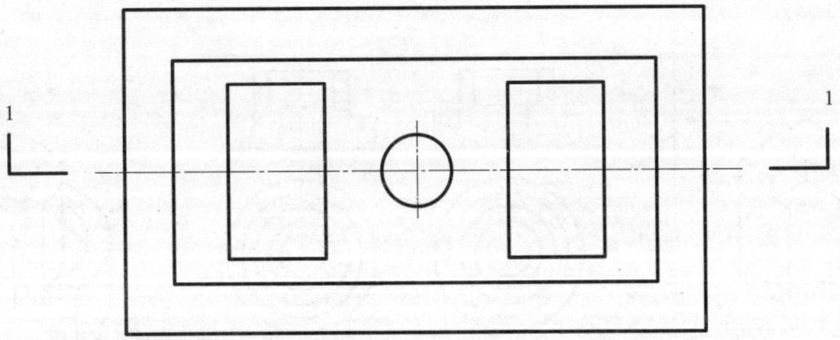

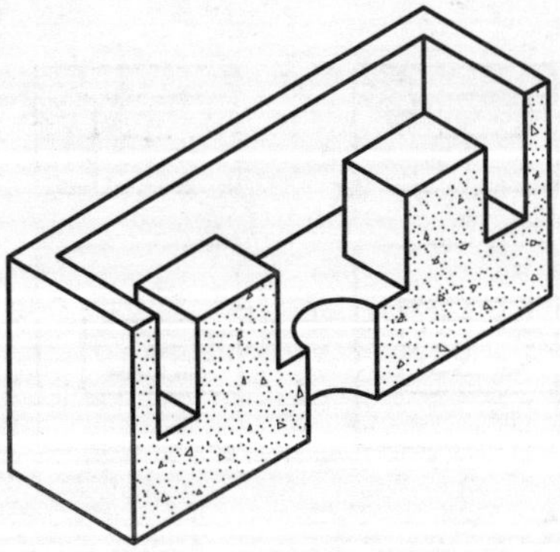

14-2 按要求画出全剖面图	班级		姓名		学号		页次	71

2.画出A—A全剖面图。

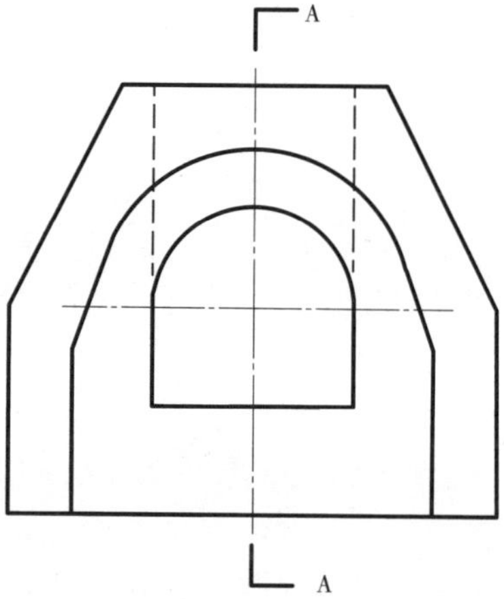

A—A

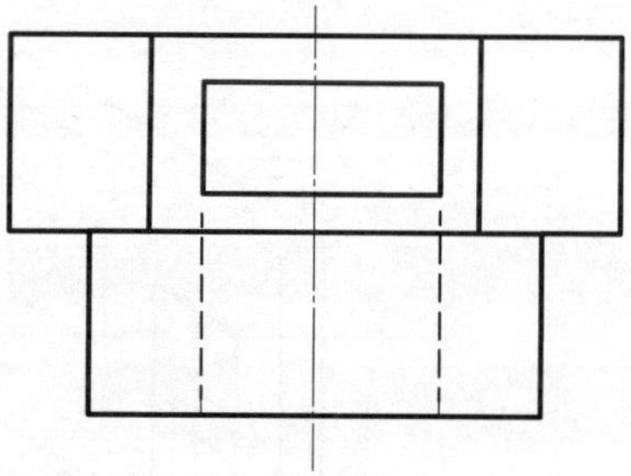

14-2　按要求画出全剖面图	班级		姓名		学号		页次	72

3. 画出2—2、3—3全剖面图。

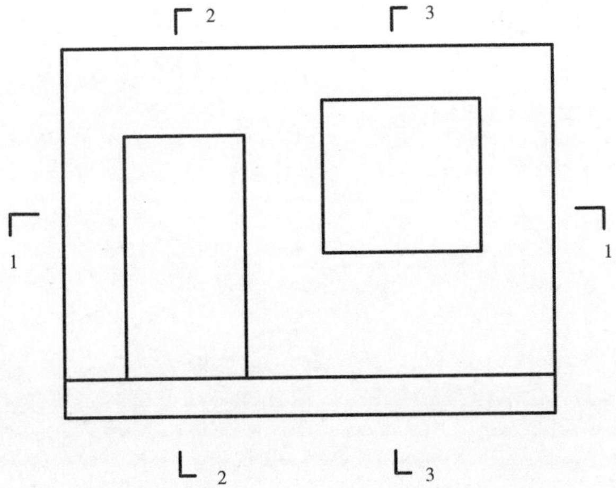

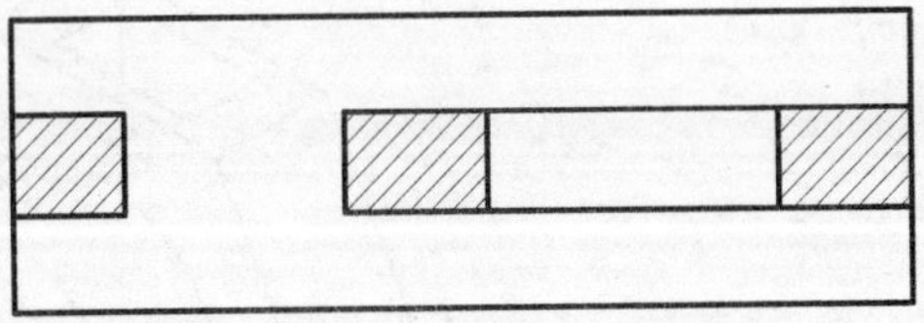

1—1

2—2

3—3

14-3 识读并绘制指定的剖面图	班级		姓名		学号		页次	73

1.画出门口外墙的2—2剖面图(雨篷宽度同顶级台阶)。

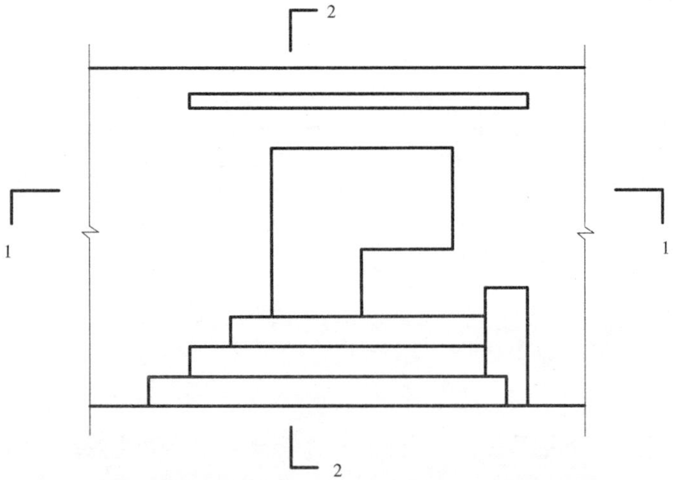

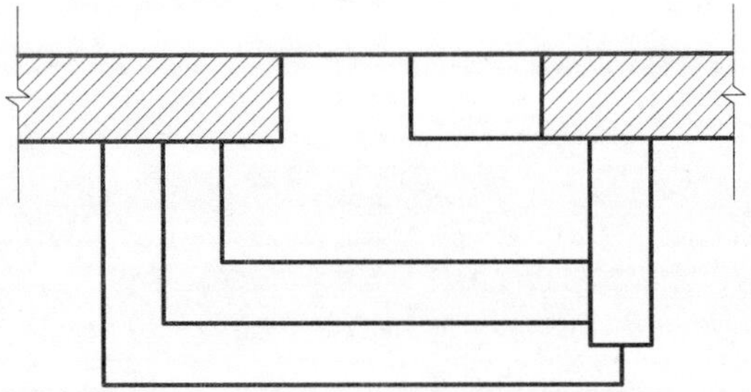

1—1

2—2

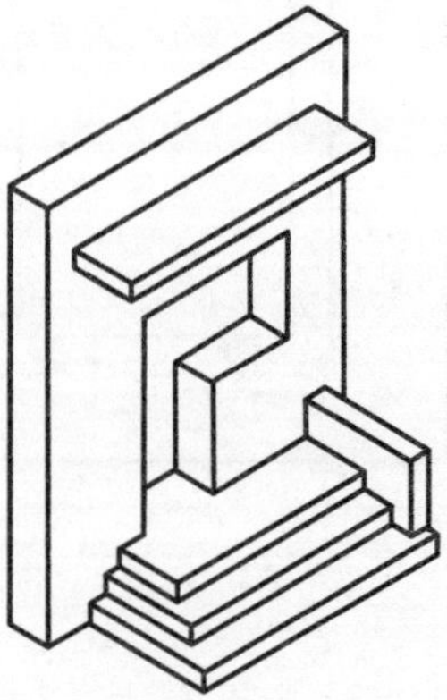

14-3 识读并绘制指定的剖面图	班级		姓名		学号		页次	74

2.在右边画出形体的1—1、2—2、3—3全剖面图(材料:砖)。

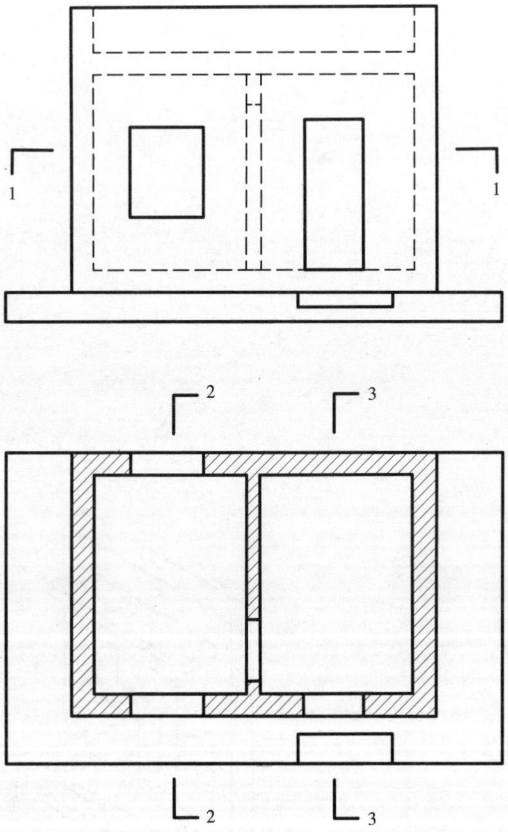

1—1

2—2

3—3

14-4　按要求画出局部剖面图	班级		姓名		学号		页次	75

1.在右边将主、俯视图改画为合理的局部剖面图。

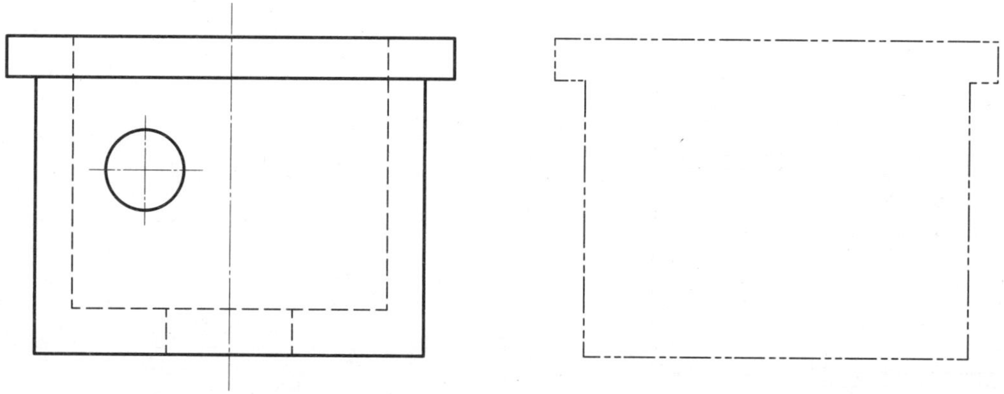

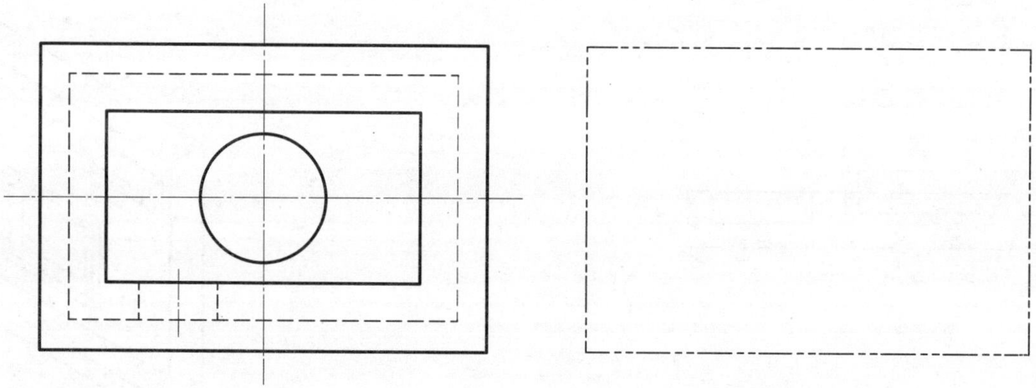

14–5 按要求画出阶梯剖面图	班级	.	姓名		学号		页次	76

1.在右边画出1—1阶梯剖面图。

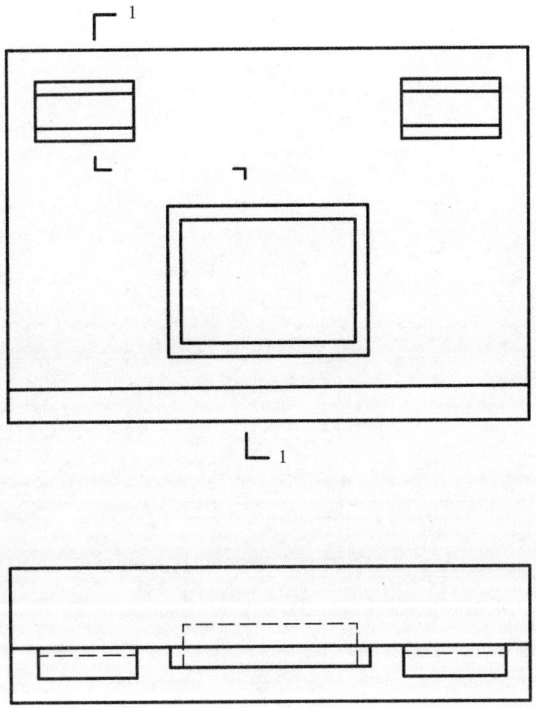

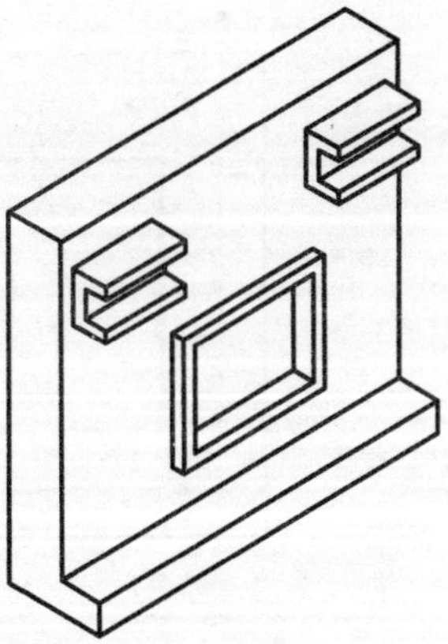

15-1　按要求画出断面图	班级		姓名		学号		页次	77

1.作柱子的1—1、2—2、3—3断面图(材料：钢筋混凝土)。

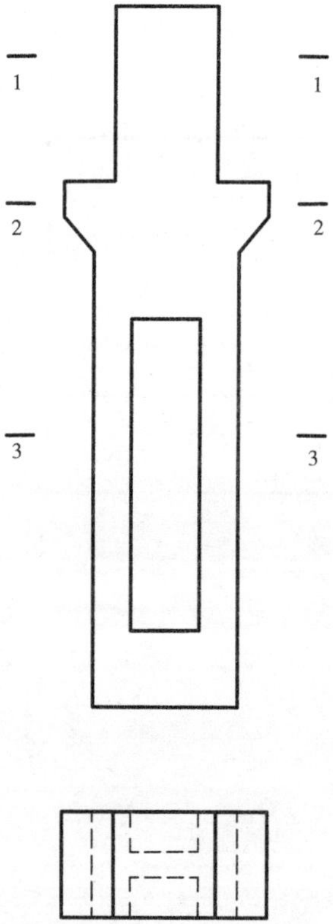

2.作1—1、2—2断面图(材料：钢筋混凝土)。

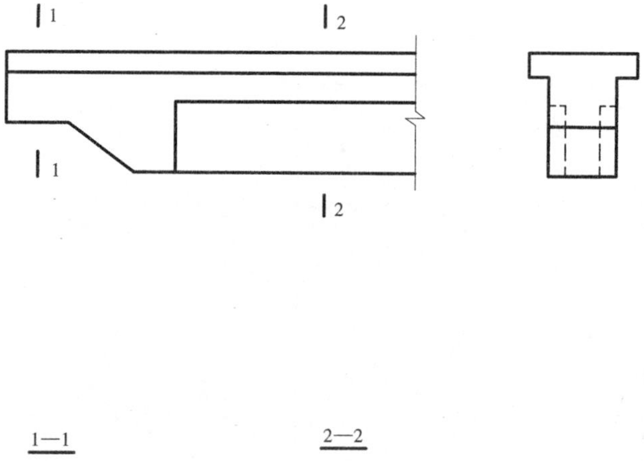

3.画出2—2断面图

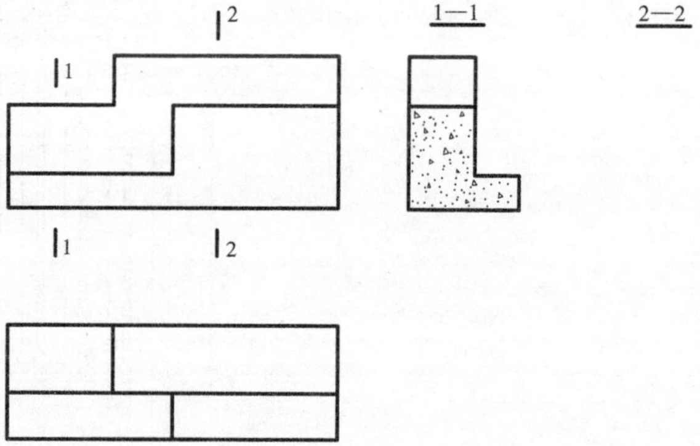

15-1 按要求画出断面图	班级		姓名		学号		页次	78

4.绘制水平投影的重合断面图。

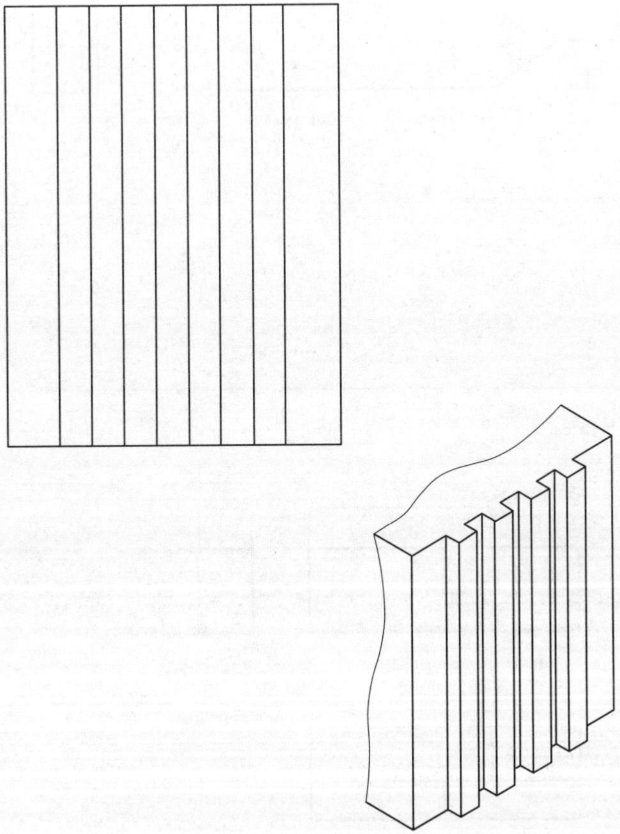

5.绘制1—1、2—2移出断面图。

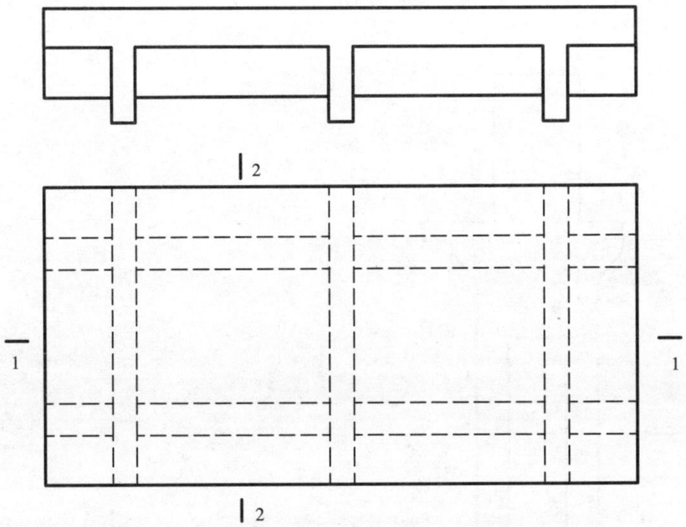

1—1

2—2

16-1 识读房屋建筑图	班级		姓名		学号		页次	79

1.画出门口外墙的2—2剖面图。

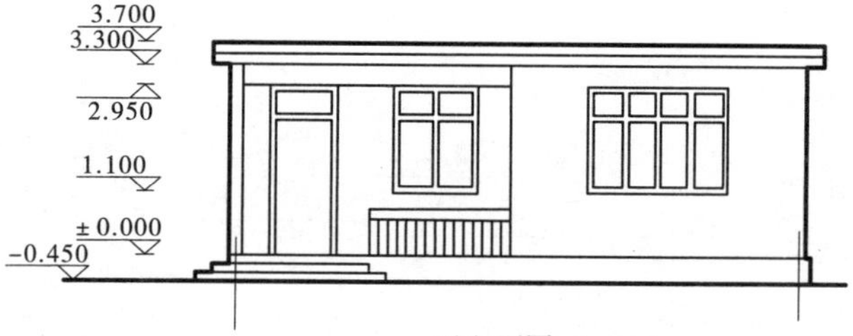

正立面图 1:100

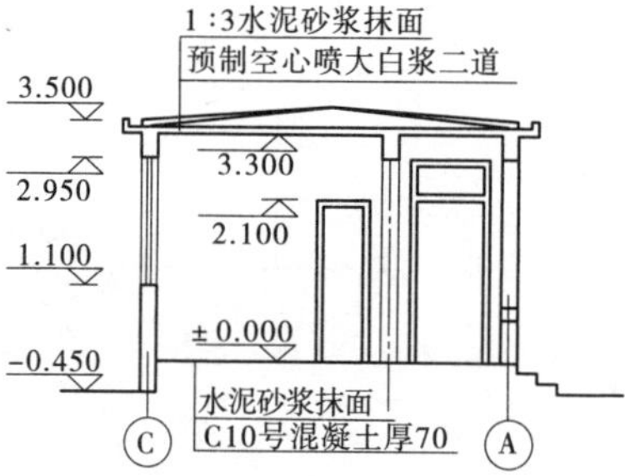

1—1剖面图 1:100

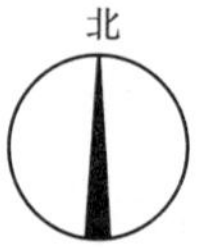

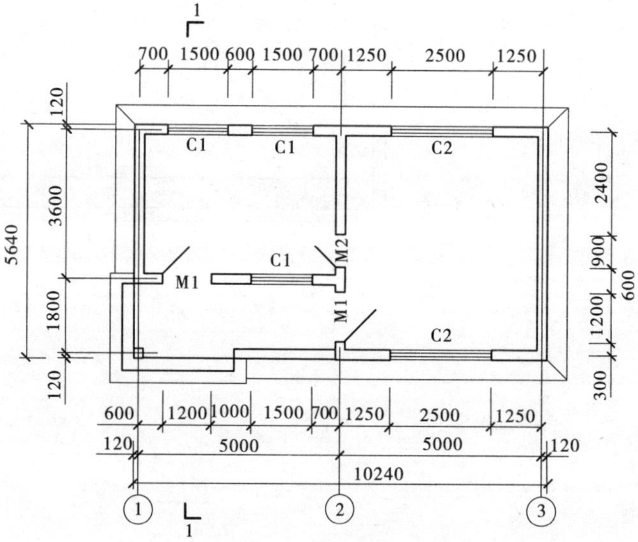

平面图 1:100

16-2 识读凉亭建筑施工图	班级		姓名		学号		页次	80

1.

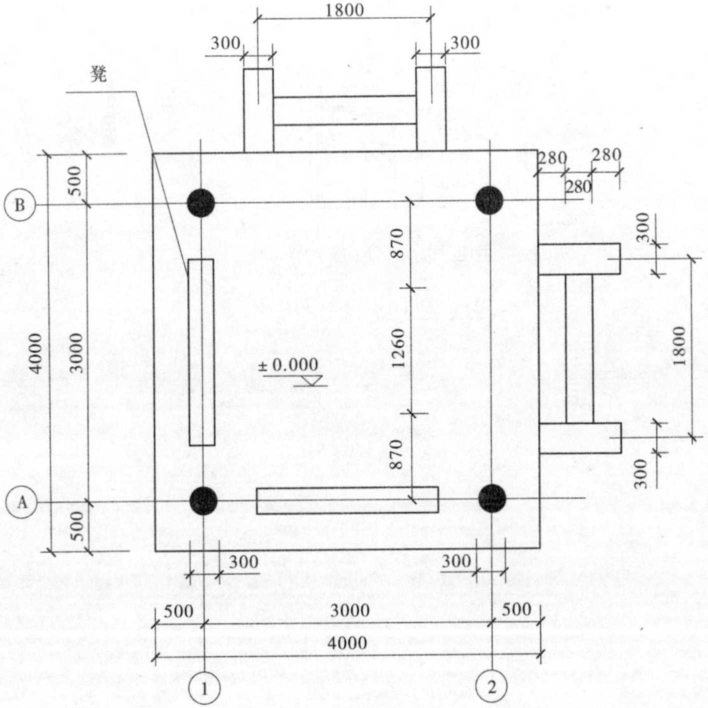

平面图 1:50

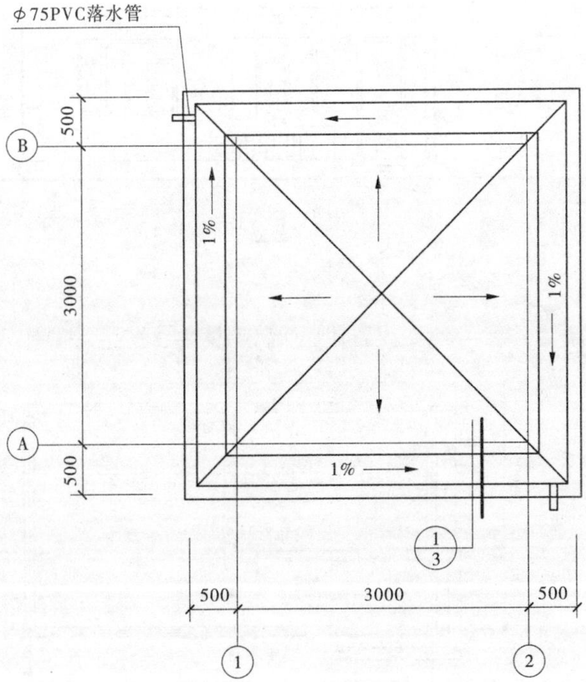

层面图 1:50

16–2 识读凉亭建筑施工图	班级		姓名		学号		页次	81

2.

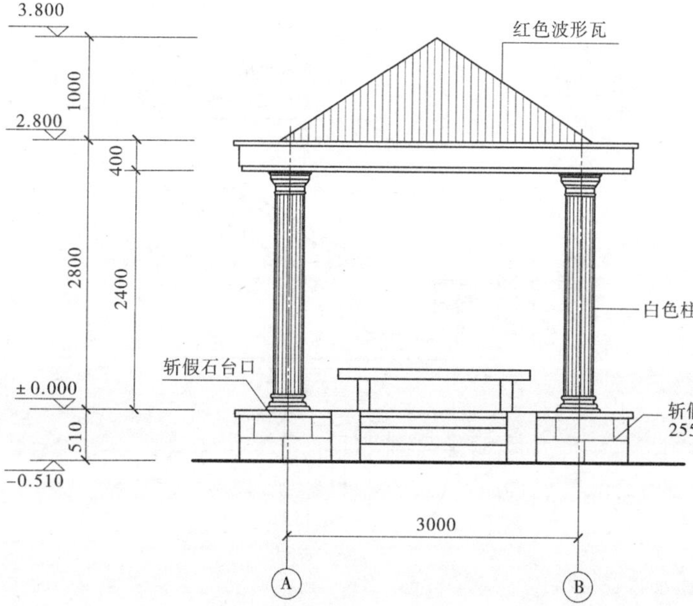

立面图 1∶50

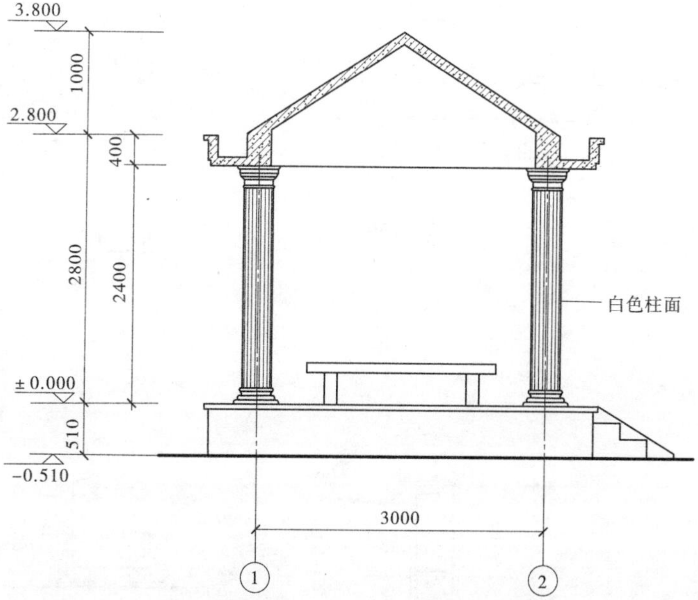

剖面图 1∶50

16-2 识读凉亭建筑施工图	班级		姓名		学号		页次	82

3.

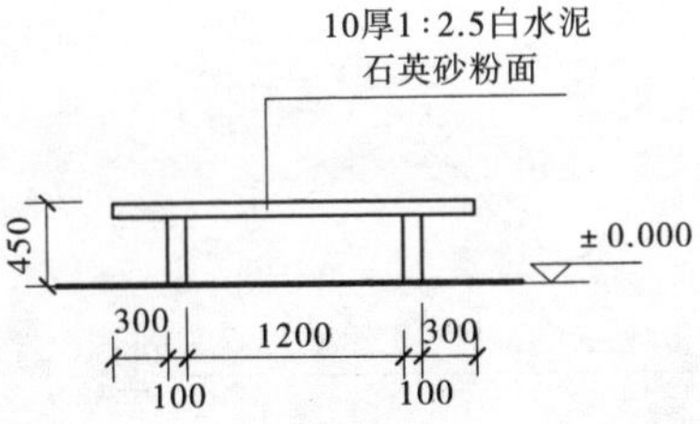

凳 1:50

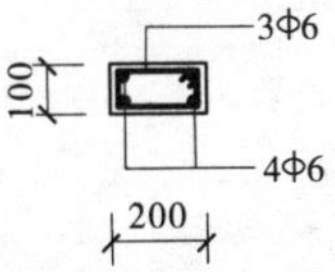

Ⅱ—Ⅱ

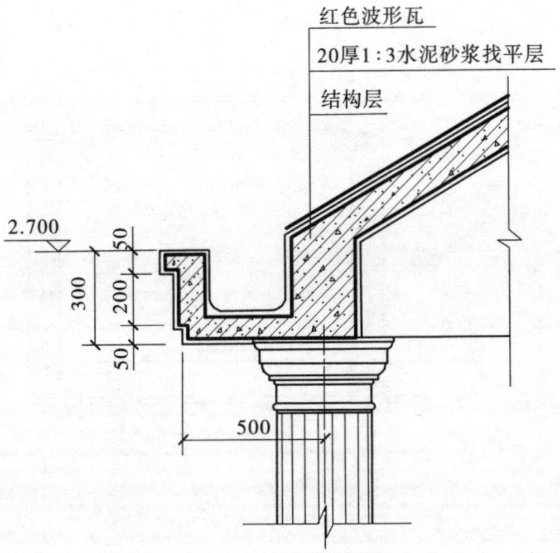

① 1:20

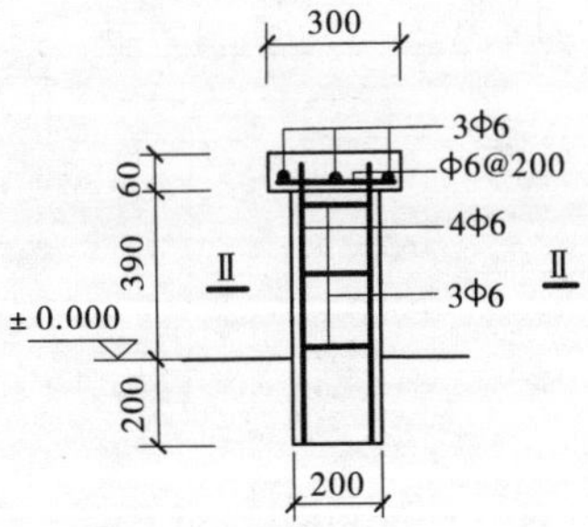

凳剖面图 1:20

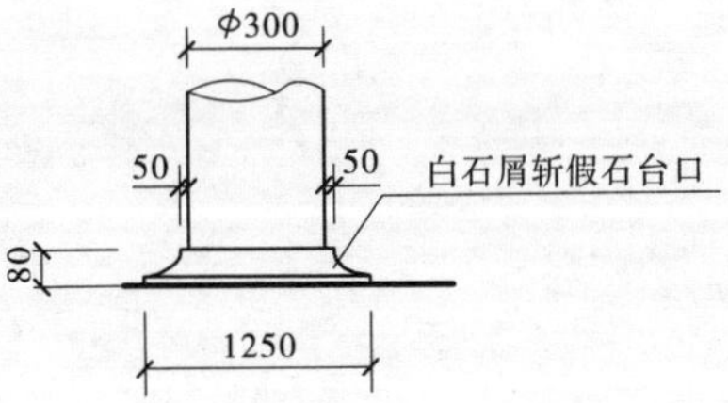

柱基础大样 1:20

16-2　识读凉亭建筑施工图	班级		姓名		学号		页次	83

4.

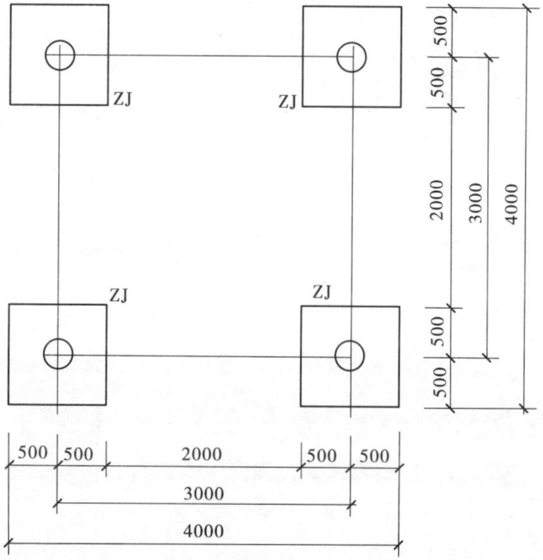

基础平面布置图　1:50

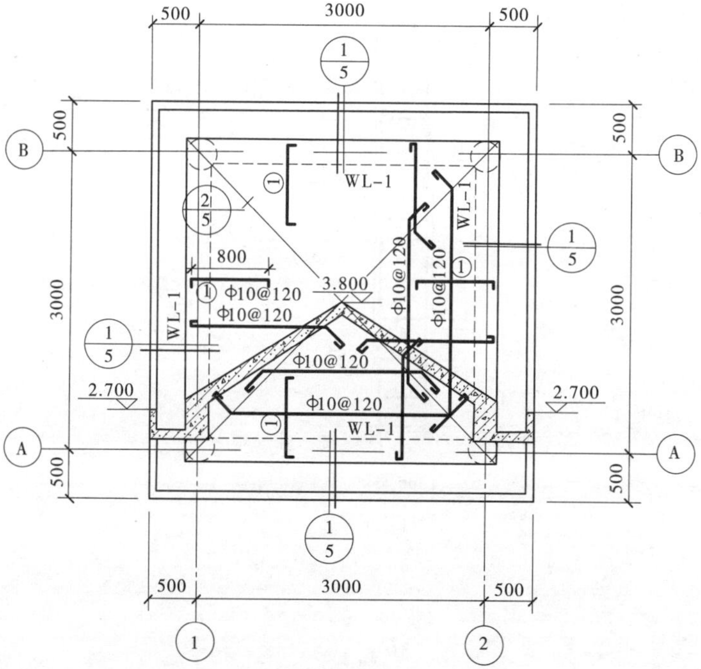

屋面结构图　1:50
(板厚 h=120)

16-2　识读凉亭建筑施工图	班级		姓名		学号		页次	84

5.

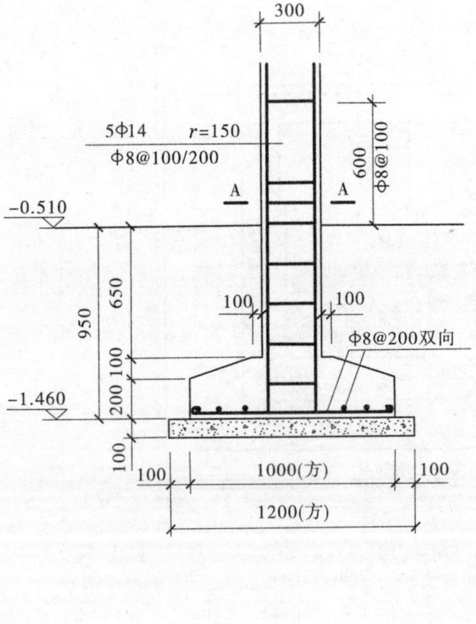

ZJ　1:25

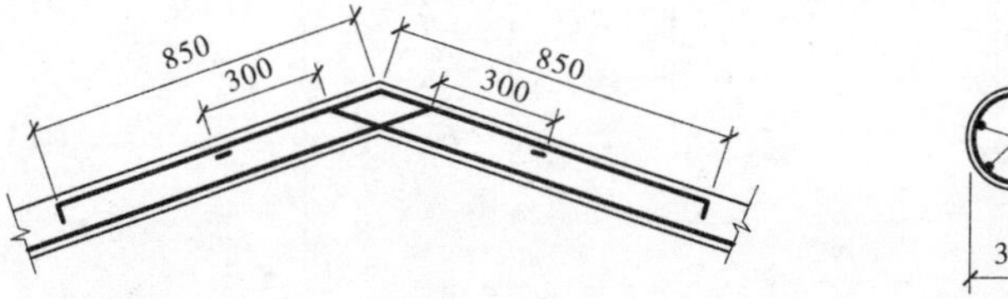

② 1:25

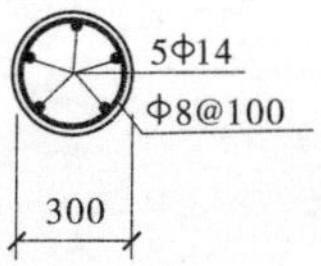

A—A

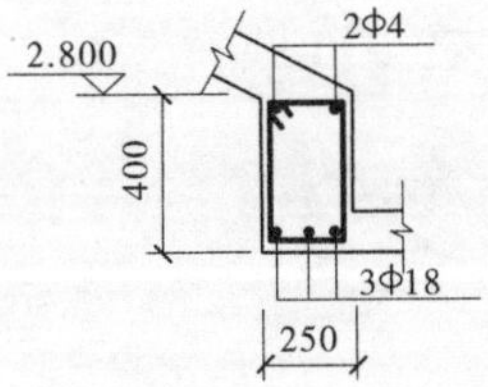

WL-1　1:25

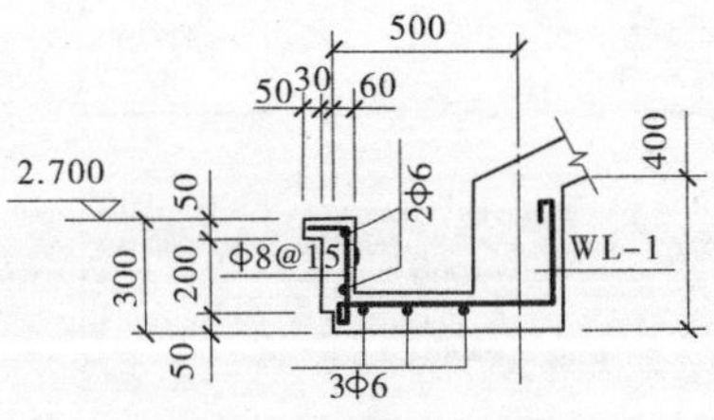

① 1:25

16-3　识读螺旋楼梯施工图

班级		姓名		学号		页次	85

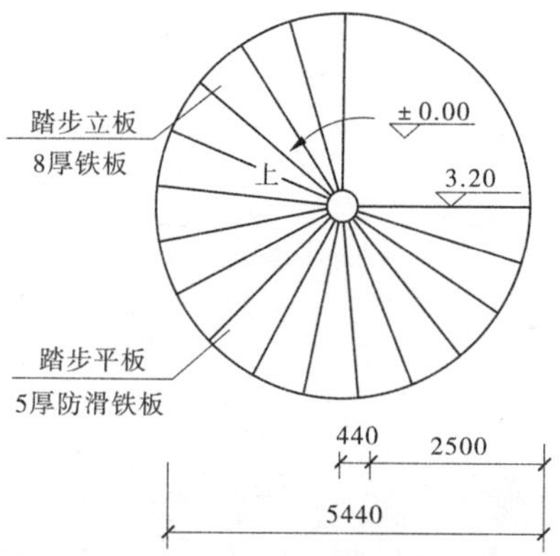

旋转楼梯平面 1:80

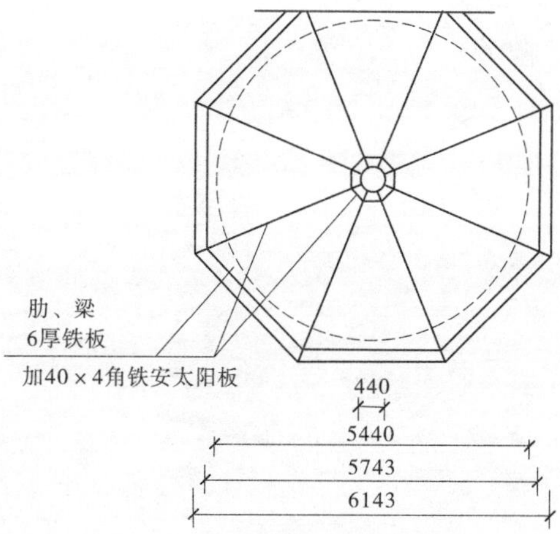

楼梯顶盖 1:80

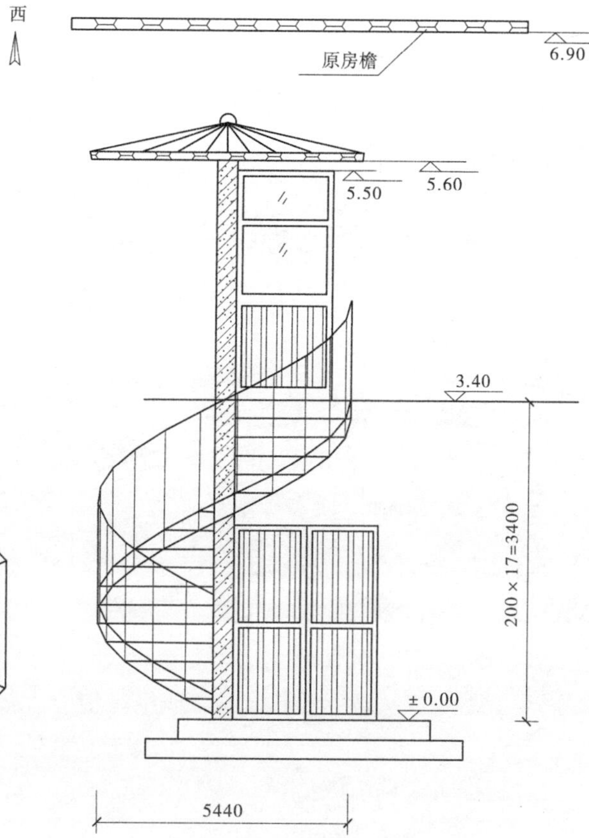

旋转楼梯东立面 1:80

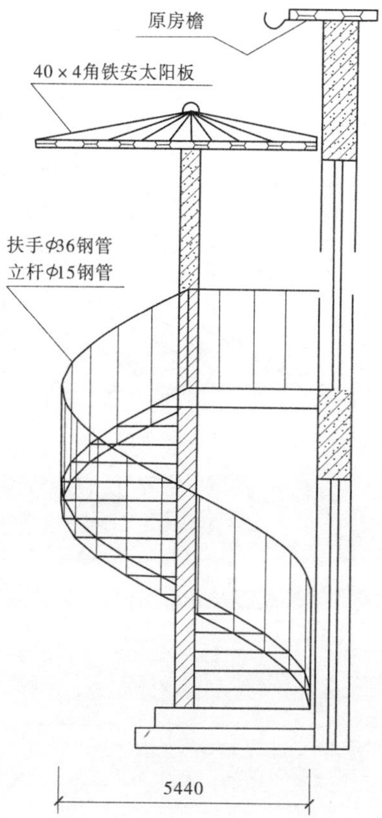

旋转楼梯北立面 1:80

1.

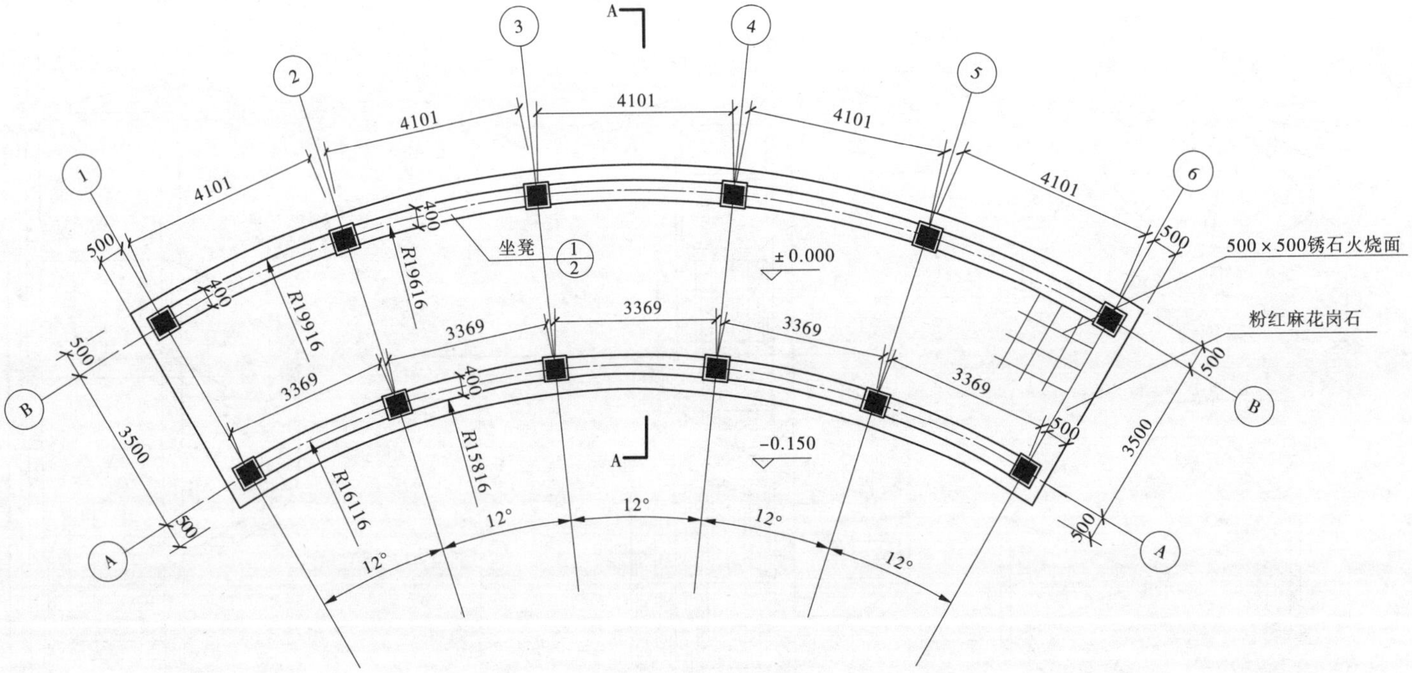

花架廊剖平面图 1:100

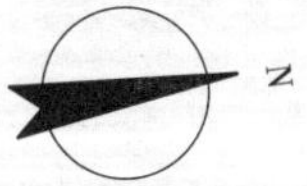

2.

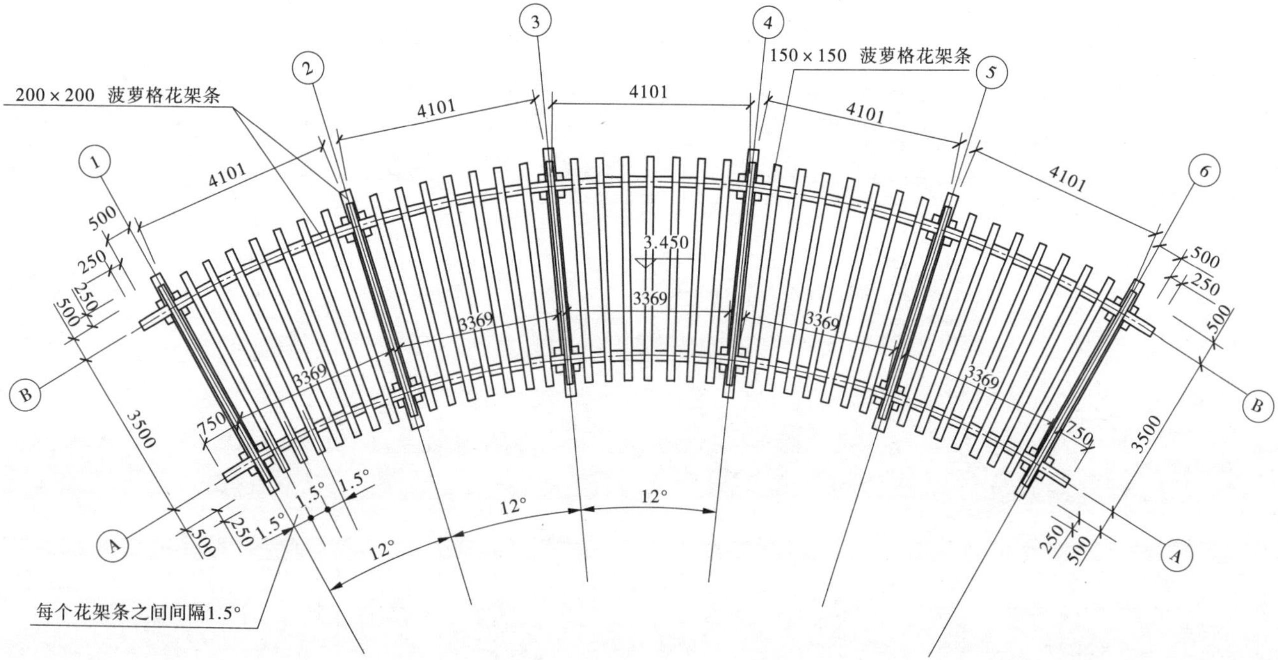

花架廊平面图 1:100

16-4 识读和抄画花架建筑施工图	班级		姓名		学号		页次	88

3.

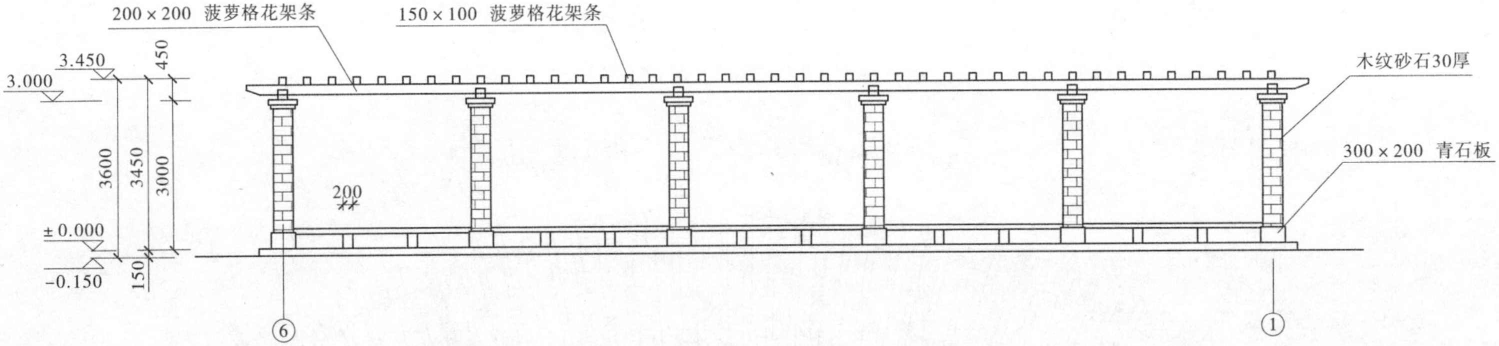

⑥—①立面展开图 1:100

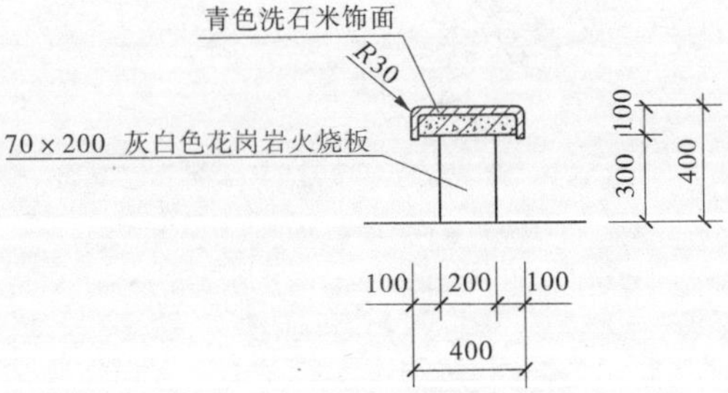

①坐凳剖面 1:25

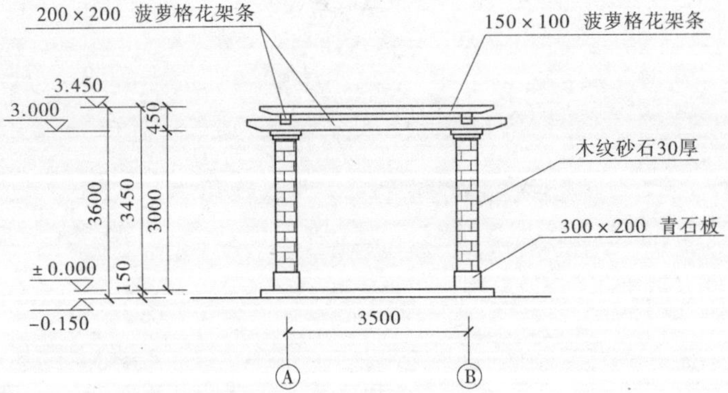

Ⓐ—Ⓑ立面图 1:100

4.

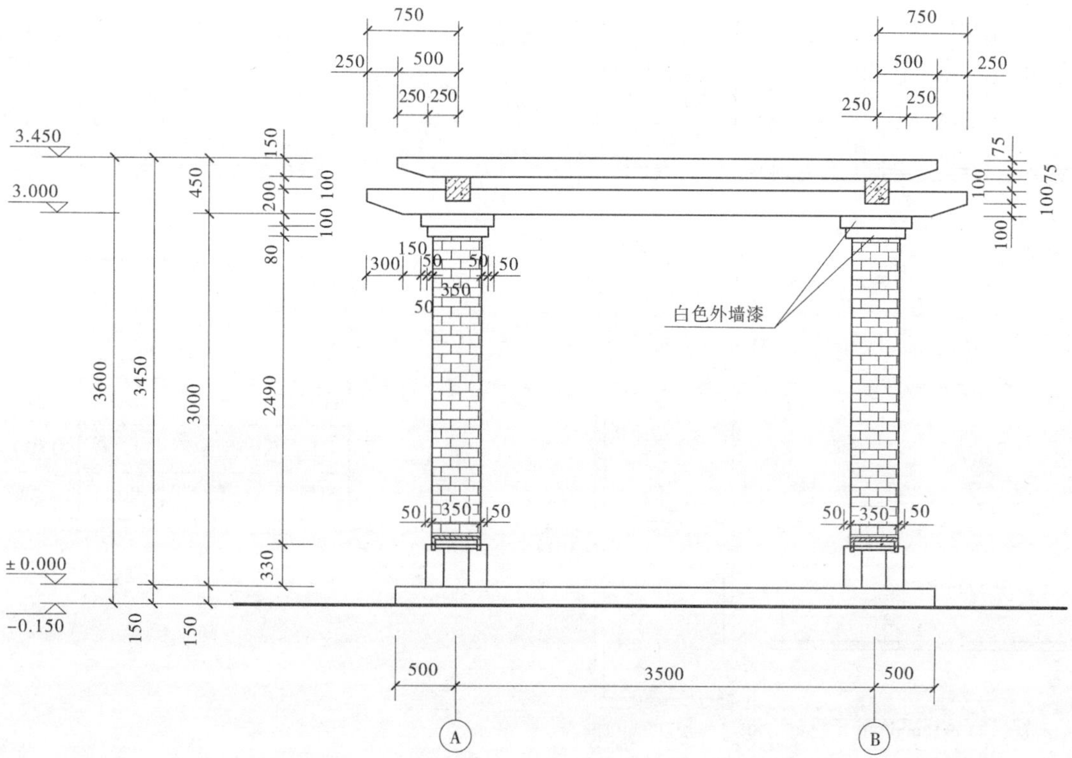

750
250
500
250 250
3.450
3.000
±0.000
-0.150
3600
3450
3000
2490
330
150
200
100
80
450
300
350
50
白色外墙漆
75
10075
3500
A
B

A—A剖面 1:50

17-1 绘制房屋建筑图	班级		姓名		学号		页次	90

识读要求：在阅读理解的基础上，用A3图幅抄绘平面图和立面图，补画1—1剖面图。

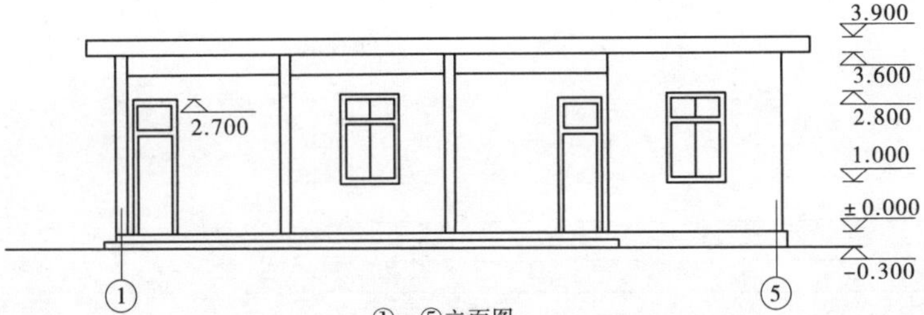

①—⑤立面图

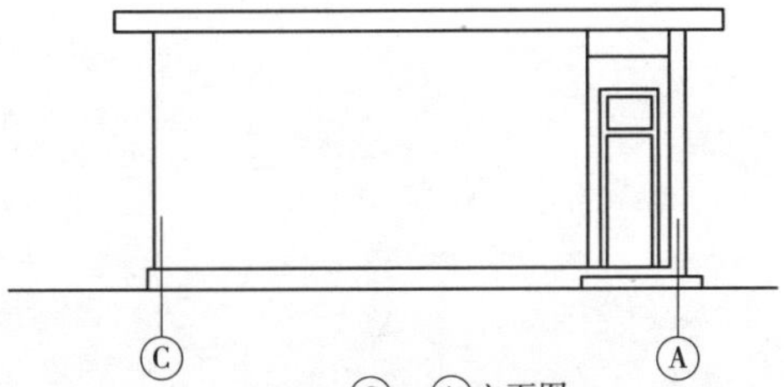

Ⓒ—Ⓐ立面图

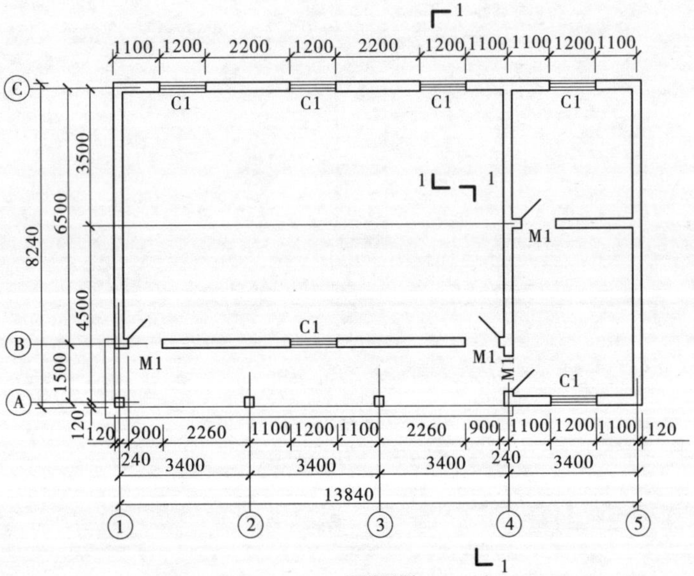

平面图

门窗表

代号	名称	宽	高	数量
C1	双扇普通窗	1200	1800	6
M1	门	900	2700	4

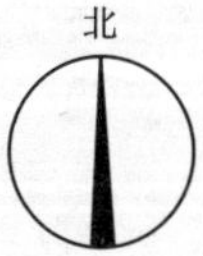

18-1 识读建筑装饰立面图	班级		姓名		学号		页次	91

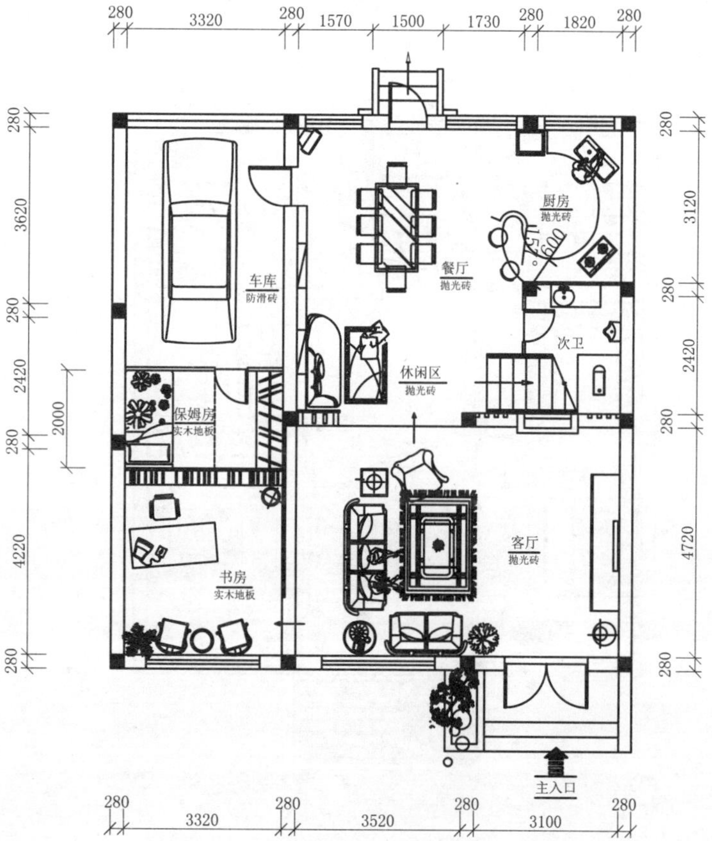

一楼平面布置图

18-1 识读建筑装饰立面图	班级		姓名		学号		页次	92

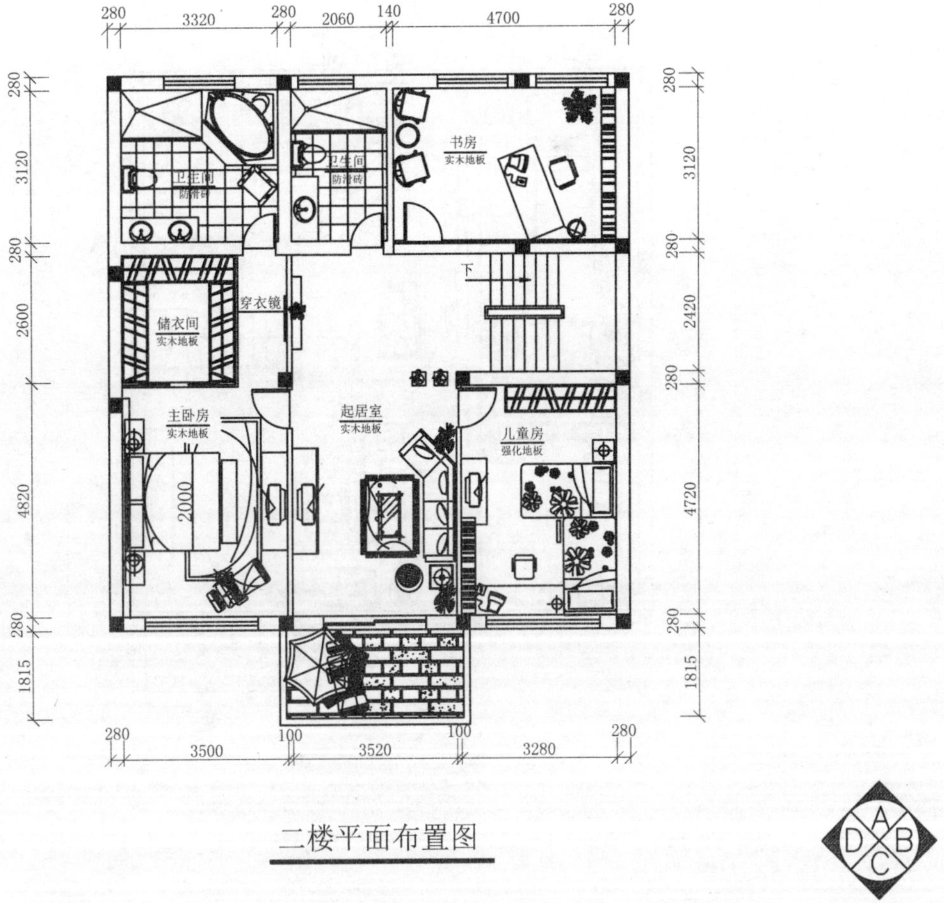

二楼平面布置图

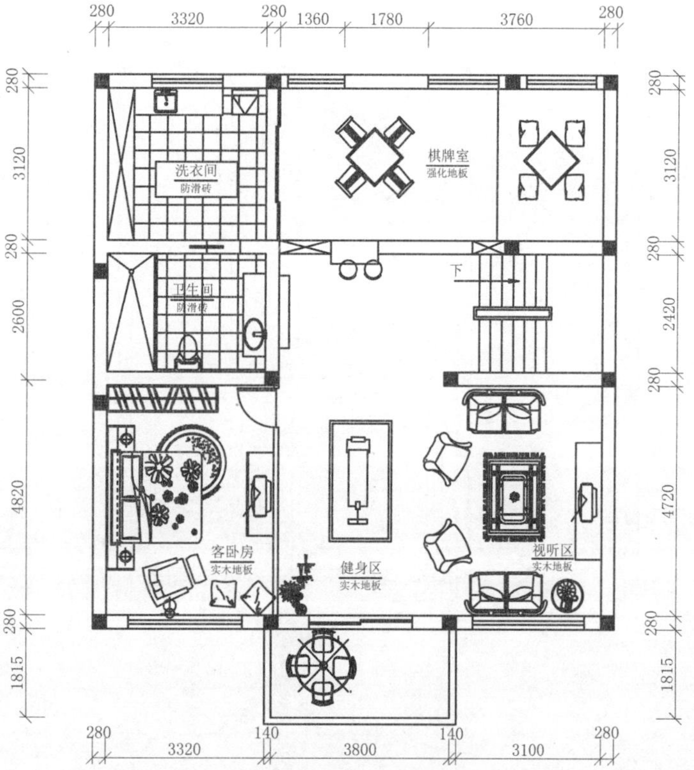

280
3320
280
1360
1780
3760
280
洗衣间
防滑砖
棋牌室
强化地板
卫生间
防滑砖
下
客卧房
实木地板
健身区
实木地板
视听区
实木地板
3120
2600
4820
1815
2420
4720
140
3800
3100

三楼平面布置图

A
B
C
D

18-1 识读建筑装饰立面图	班级		姓名		学号		页次	94

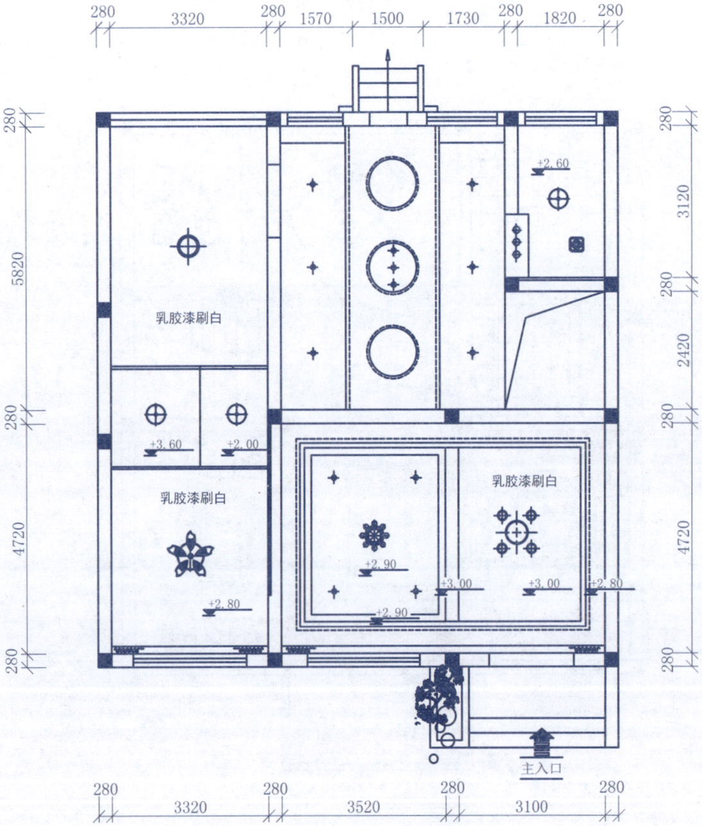

一楼顶面布置图

18-1 识读建筑装饰立面图	班级		姓名		学号		页次	95

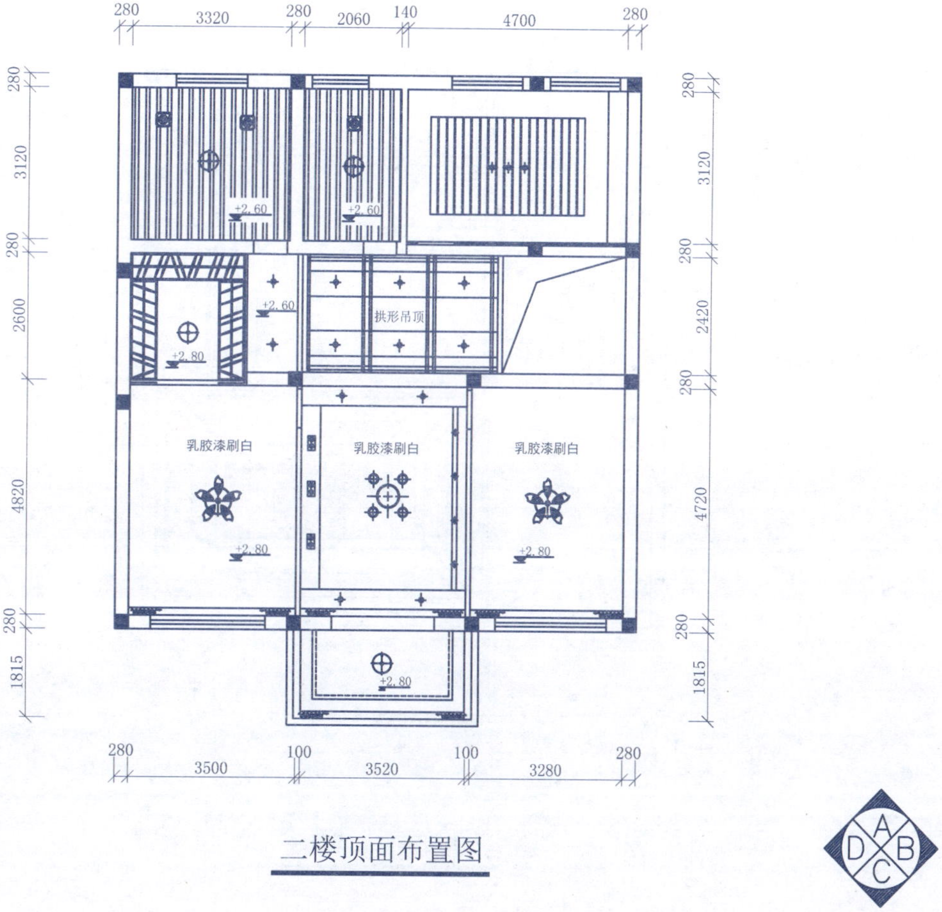

二楼顶面布置图

18-1 识读建筑装饰立面图	班级		姓名		学号		页次	96

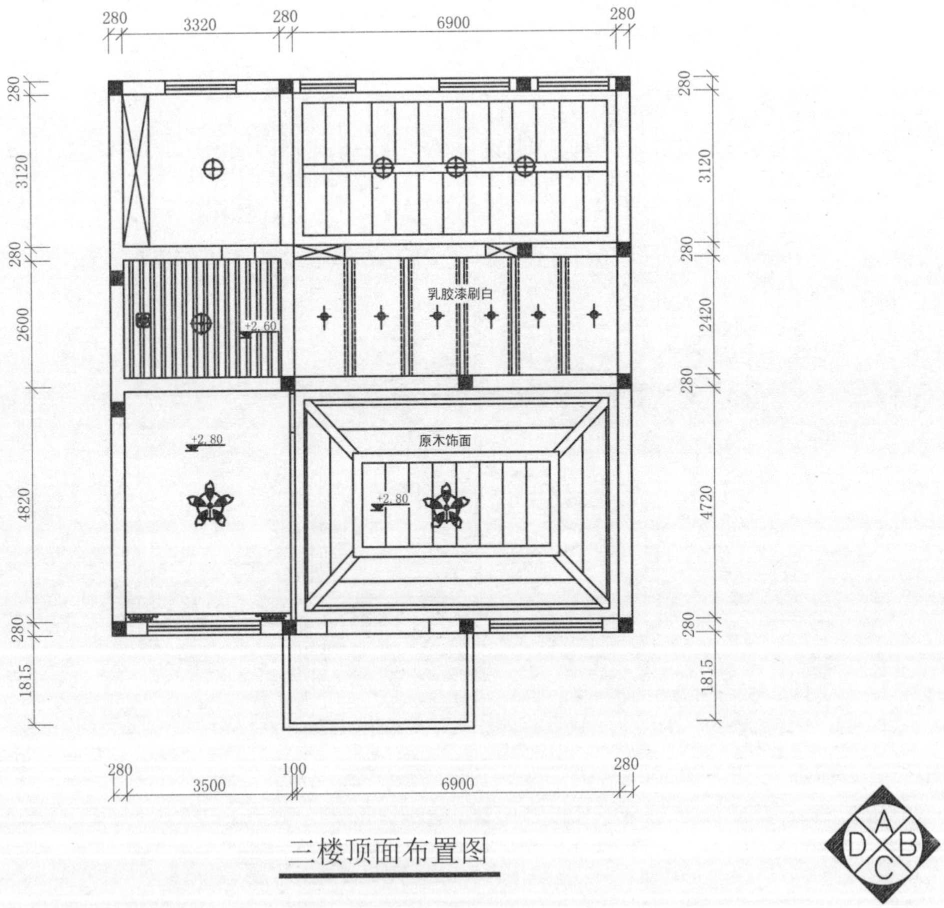

三楼顶面布置图

18-1 识读建筑装饰立面图	班级		姓名		学号		页次	97

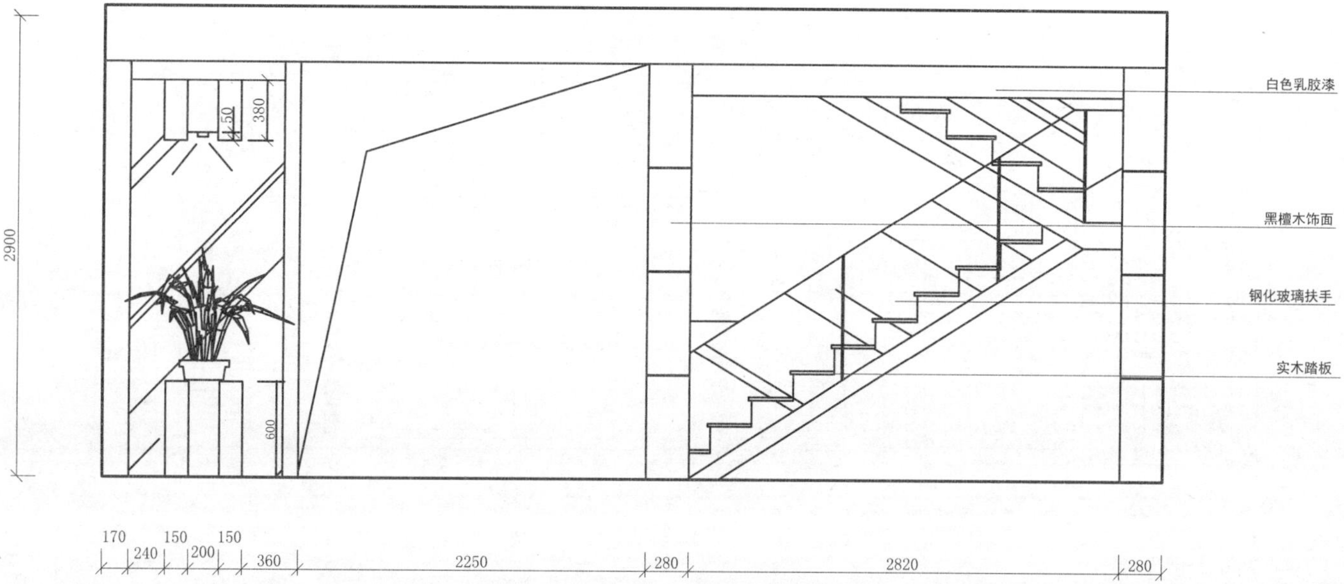

客厅A向立面图

18-1 识读建筑装饰立面图	班级		姓名		学号		页次	98

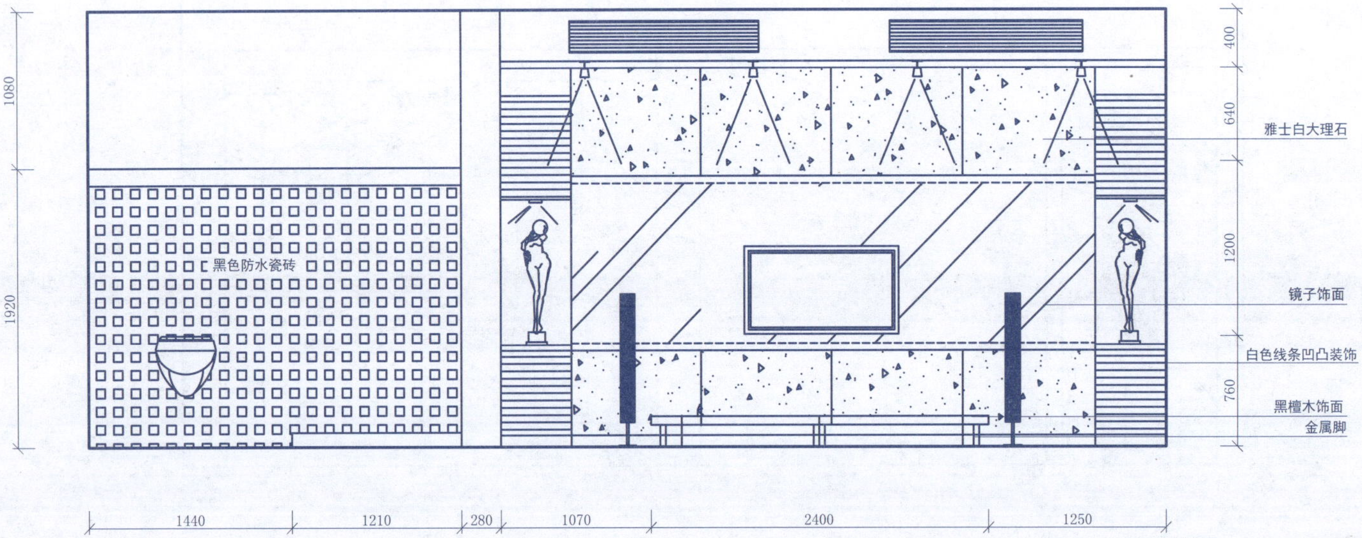

卫B立面图

客厅B向立面图

18-1 识读建筑装饰立面图	班级		姓名		学号		页次	99

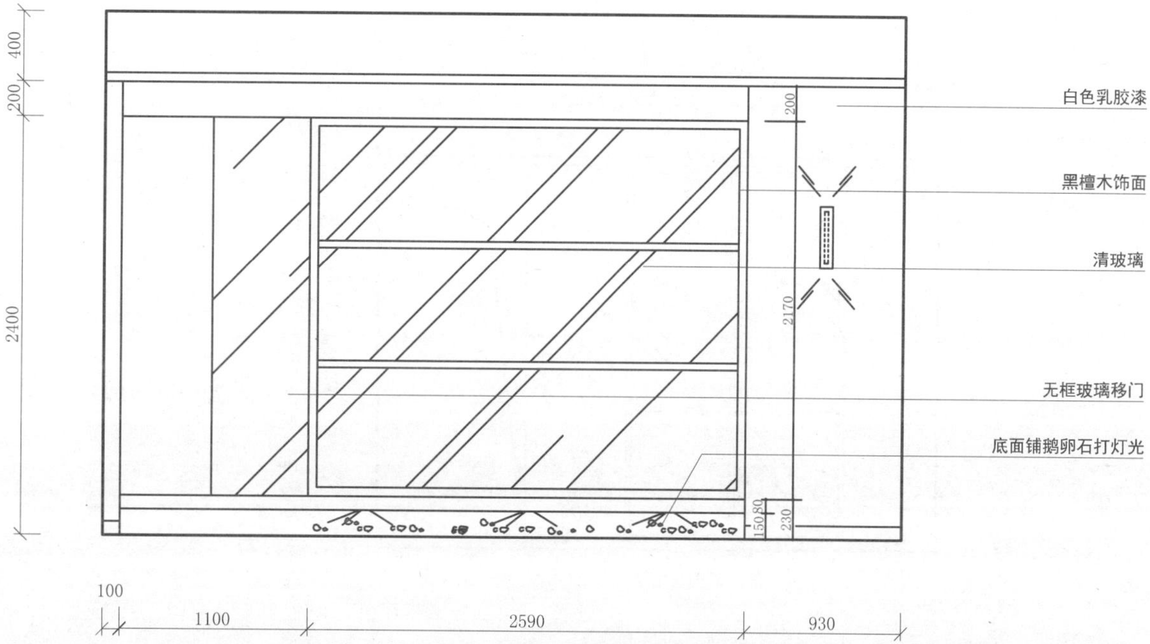

客厅D向立面图

18-1 识读建筑装饰立面图	班级		姓名		学号		页次	100

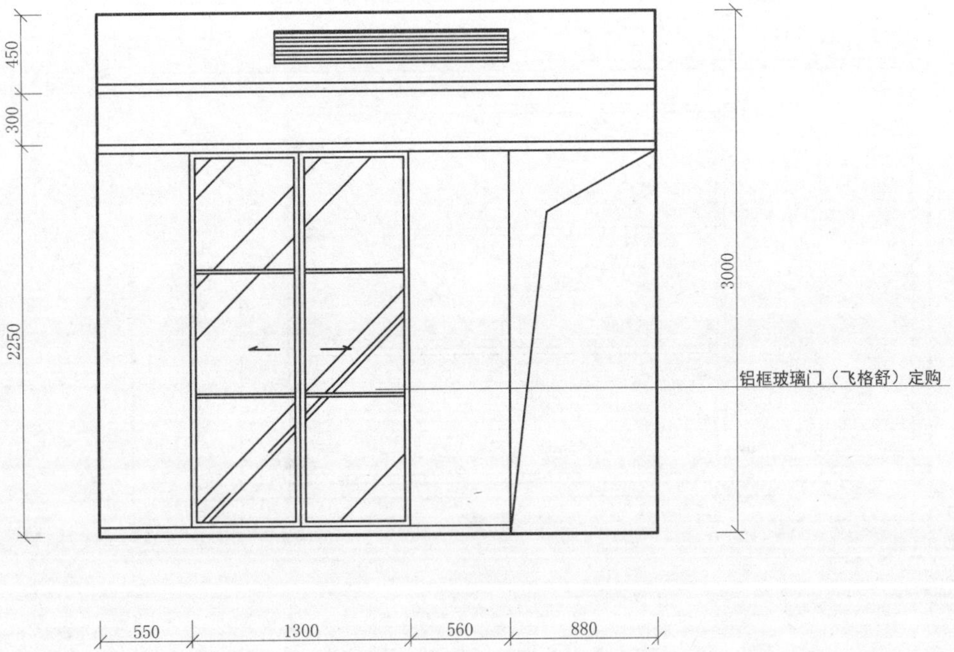

主卧A向立面图

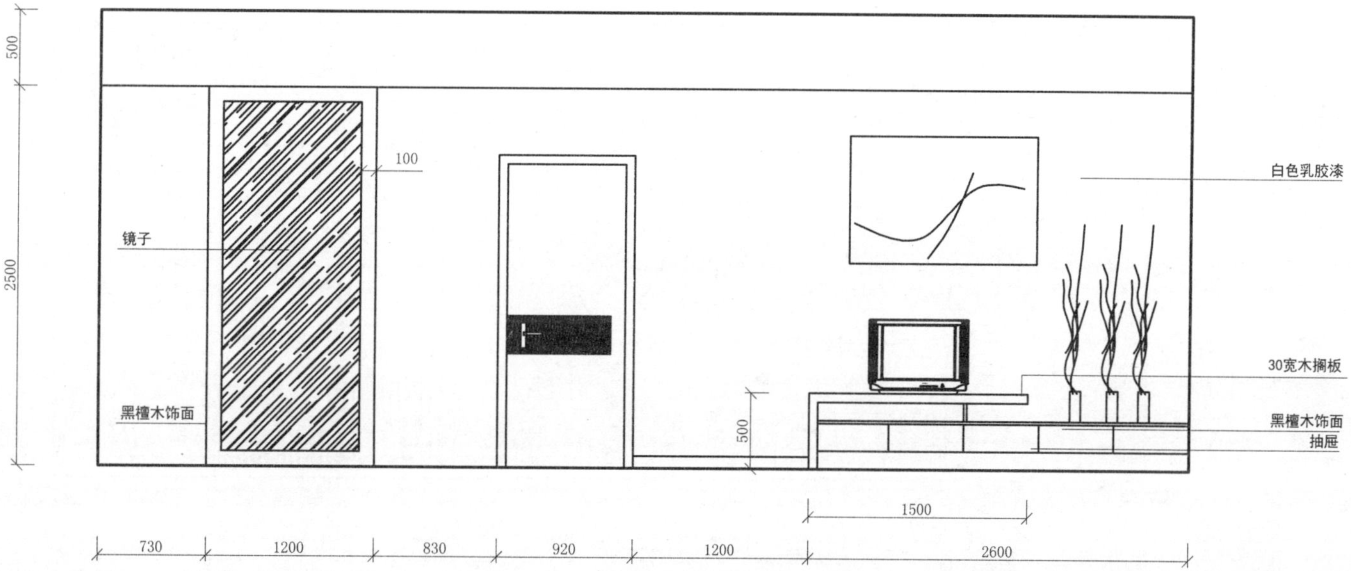
500
2500
100
镜子
黑檀木饰面
白色乳胶漆
30宽木搁板
黑檀木饰面
抽屉
500
1500
730
1200
830
920
1200
2600

主卧B向立面图

主卧D向立面图

衣库D向立面图

18-1 识读建筑装饰立面图	班级		姓名		学号		页次	103

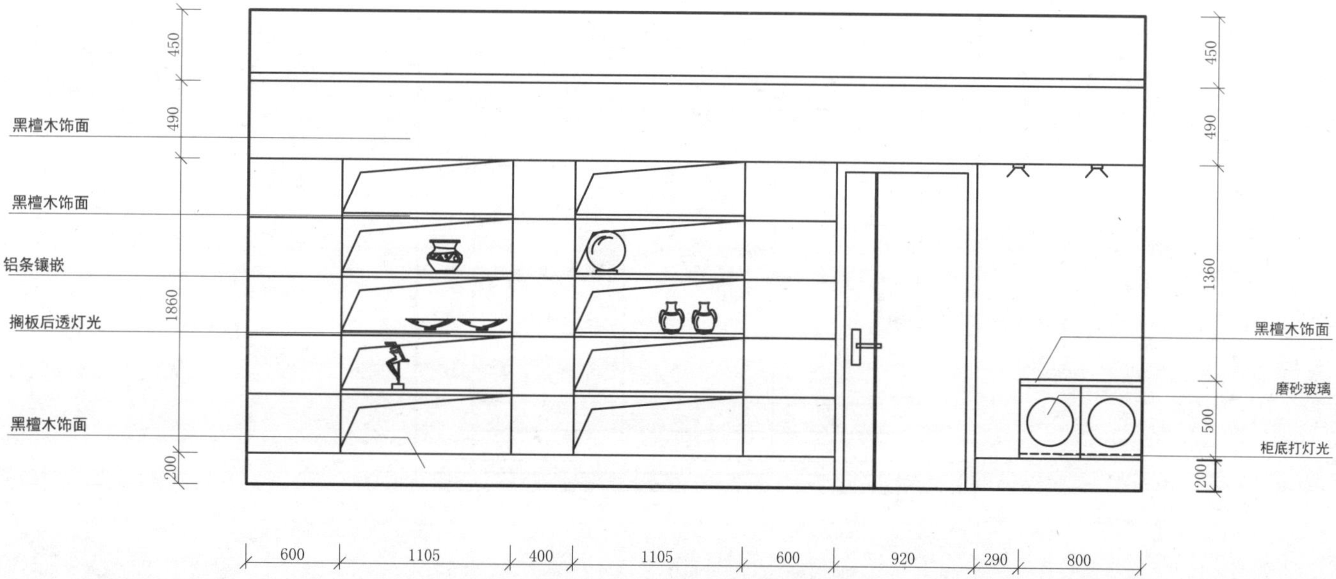

餐厅D向立面图

18-1 识读建筑装饰立面图	班级		姓名		学号		页次	104

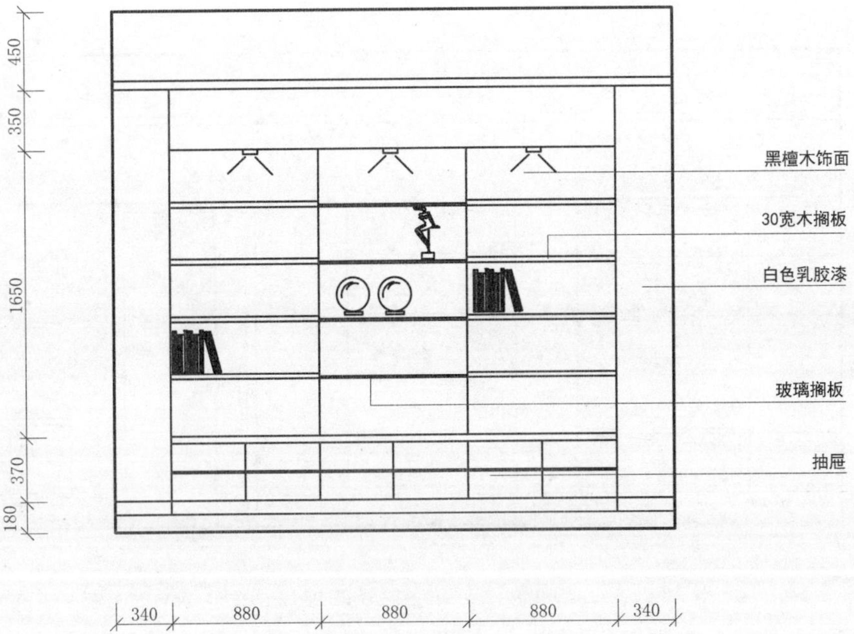

书房A向立面图

19-1　测绘数据处理	班级		姓名		学号		页次	105

根据数据处理原则对下图量房测绘数据进行误差消除，未标注的外墙尺寸默认等厚。

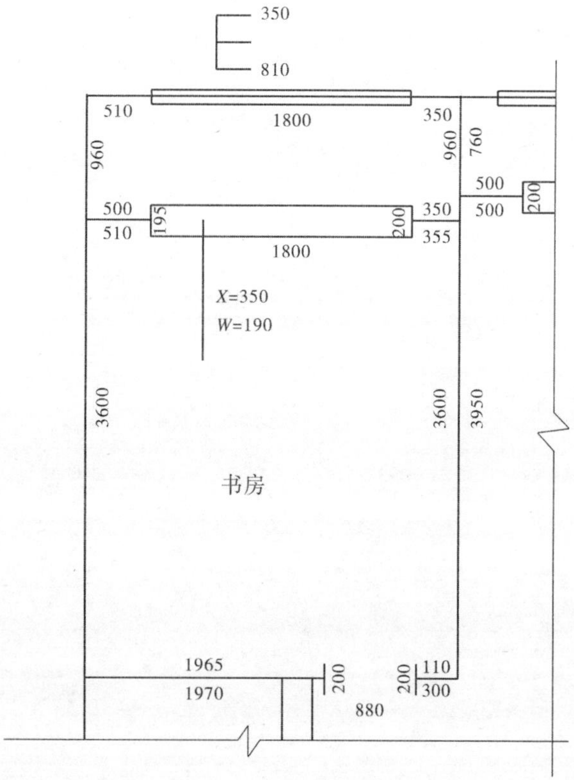

19–2　现场测绘作业	班级		姓名		学号		页次	106

实际测量一套两居室或者三居室的毛坯房。成果要求：（1）提供手绘测量草图及必要的图片；（2）提供整理后的CAD图纸；（3）将以上资料加封面装订成册。

参 考 文 献

[1] 张多峰. AutoCAD 建筑制图习题集[M]. 北京：中国水利水电出版社,2012.
[2] 吴伟,刘洋,吴俊. 建筑制图与识图习题集[M]. 南京：南京大学出版社,2016.
[3] 赵方欣. 建筑装饰制图习题集[M]. 北京：北京理工大学出版社,2010.
[4] 李思丽. 建筑装饰工程制图与识图习题集[M]. 北京：机械工业出版社,2016.
[5] 高远. 建筑装饰制图与识图习题集[M].3 版. 北京：机械工业出版社,2017.